大数据与人工智能技术丛书

U0227753

PyTorch深度学习实战

微课视频版

吕云翔 刘卓然 主 编

关捷雄 欧阳植昊 杨卓谦 华昱云 陈妙然 黎昆昌 吕可馨 王渌汀 副主编

清华大学出版社

北京

内 容 简 介

本书以 PyTorch 为基础，介绍机器学习的基础知识与常用方法，全面细致地提供了基本机器学习操作的原理和在 PyTorch 框架下的实现步骤。全书分为基础篇和实战篇，包括 16 章内容和两个附录，分别为深度学习简介、深度学习框架、机器学习基础知识、PyTorch 深度学习基础、Logistic 回归、神经网络基础、卷积神经网络与计算机视觉、神经网络与自然语言处理、搭建卷积神经网络进行图像分类、图像风格迁移、基于 RNN 的文本分类、基于 CNN 的视频行为识别、实现对抗性样本生成、实现基于 LSTM 的情感分析、实现 DCGAN、视觉问答、PyTorch 环境搭建、深度学习的数学基础。本书将理论与实践紧密结合，相信能为读者提供有益的学习指导。

本书适合 Python 深度学习初学者、机器学习算法分析从业人员以及高等院校计算机科学、软件工程等相关专业的师生阅读。

图书在版编目（CIP）数据

PyTorch 深度学习实战：微课视频版/吕云翔，刘卓然主编. —北京：清华大学出版社，2021.2
（2024.1 重印）

（大数据与人工智能技术丛书）

ISBN 978-7-302-56820-9

Ⅰ. ①P… Ⅱ. ①吕… ②刘… Ⅲ. ①机器学习 Ⅳ. ①TP181

中国版本图书馆 CIP 数据核字（2020）第 217372 号

责任编辑：陈景辉 薛 阳
封面设计：刘 键
责任校对：时翠兰
责任印制：沈 露

出版发行：清华大学出版社
    网 址：https://www.tup.com.cn,https://www.wqxuetang.com
    地 址：北京清华大学学研大厦 A 座   邮 编：100084
    社 总 机：010-83470000   邮 购：010-62786544
    投稿与读者服务：010-62776969，c-service@tup.tsinghua.edu.cn
    质量反馈：010-62772015，zhiliang@tup.tsinghua.edu.cn
    课件下载：https://www.tup.com.cn,010-83470236
印 装 者：三河市龙大印装有限公司
经 销：全国新华书店
开 本：185mm×260mm   印 张：14.25   字 数：324 千字
版 次：2021 年 4 月第 1 版   印 次：2024 年 1 月第 5 次印刷
印 数：6001～7500
定 价：59.90 元

产品编号：078497-01

前　言

党的二十大报告强调"必须坚持科技是第一生产力、人才是第一资源、创新是第一动力,深入实施科教兴国战略、人才强国战略、创新驱动发展战略,开辟发展新领域新赛道,不断塑造发展新动能新优势"。

深度学习领域技术的飞速发展,给人们的生活带来了很大改变。例如,智能语音助手能够与人类无障碍地沟通,甚至在视频通话时可以提供实时翻译;将手机摄像头聚焦在某个物体上,该物体的相关信息就会被迅速地反馈给使用者;在购物网站上浏览商品时,机器也在同时分析着用户的偏好,并及时个性化地推荐用户可能感兴趣的商品。原先以为只有人类才能做到的事,现在机器也能毫无差错地完成,甚至超越人类,这显然与深度学习的发展密不可分,技术正引领人类社会走向崭新的世界。

PyTorch 是当前主流深度学习框架之一,其设计追求最少的封装、最直观的设计,其简洁优美的特性使得 PyTorch 代码更易理解,对新手非常友好。本书选择 PyTorch 作为深度学习框架,以方便读者阅读。

本书以深度学习为主题,将理论与简明实战案例相结合,以加深读者对于理论知识的理解。本书首先介绍深度学习领域的现状,深度学习领域和其他领域技术之间的关系,以及它们的主要特点和适用范围;接下来,详细讲解 PyTorch 框架中的基本操作,并在讲解深度学习理论知识的同时,提供完整、详尽的实现过程,供读者参考。相信读者在阅读完本书后,会对深度学习有全面而深刻的了解,同时具备相当强的实践能力。

全书共分为两篇,包括 16 章内容。

基础篇涵盖第 1～8 章,第 1 章深度学习简介,包括计算机视觉、自然语言处理、强化学习;第 2 章深度学习框架,包括 Caffe、TensorFlow、PyTorch;第 3 章机器学习基础知识,包括模型评估与模型参数选择、监督学习与非监督学习;第 4 章 PyTorch 深度学习基础,包括 Tensor 对象及其运算,Tensor 的索引和切片,Tensor 的变换、拼接和拆分,PyTorch 的 Reduction 操作,PyTorch 的自动微分;第 5 章 Logistic 回归,包括线性回归、Logistic 回归、用 PyTorch 实现 Logistic 回归;第 6 章神经网络基础,包括基础概念、感知器、BP 神经网络、Dropout 正则化、批标准化;第 7 章卷积神经网络与计算机视觉,包括卷积神经网络的基本思想、卷积操作、池化层、卷积神经网络、经典网络结构、用 PyTorch 进行手写数字识别;第 8 章神经网络与自然语言处理,包括语言建模、基于多层感知机的架构、基于循环神经网络的架构、基于卷积神经网络的架构、基于 Transformer 的架构、表示学习与预训练技术。

实战篇涵盖第 9～16 章,第 9 章搭建卷积神经网络进行图像分类,包括实验数据准备、数据预处理和准备、模型构建、模型训练与结果评估;第 10 章图像风格迁移,包括 VGG 模型、图像风格迁移介绍、内容损失函数、风格损失函数、优化过程、图像风格迁移主程序的实现；第 11 章基于 RNN 的文本分类,包括数据准备、将名字转换为张量、构建神经网络、训练、绘制损失变化图、预测结果、预测用户输入；第 12 章基于 CNN 的视频行为识别,包括问题表述、源码结构、数据准备、模型搭建与训练、特征图可视化；第 13 章实现对抗性样本生成,包括威胁模型、快速梯度符号攻击、代码实现、对抗示例；第 14 章实现基于 LSTM 的情感分析,包括情感分析常用的 Python 工具库、数据样本分析、数据预处理、算法模型；第 15 章实现 DCGAN,包括生成对抗网络、DCGAN 介绍、初始化代码、模型实现、结果；第 16 章视觉问答,包括视觉问答简介、基于 Bottom-Up Attention 的联合嵌入模型、准备工作、实现基础模块、实现问题嵌入模块、实现 Top-Down Attention 模块、组装完整的 VQA 系统、运行 VQA 实验。

本书特色

(1) 内容涵盖深度学习数学基础讲解,便于没有大学本科数学基础的读者阅读。

(2) 提供实际可运行的代码和让读者可以亲自试验的学习环境。

(3) 对于误差反向传播法、卷积运算等看起来很复杂的技术,帮助读者在实现层面上理解。

(4) 介绍流行的技术(如 Batch Normalization)并进行实现。

(5) 提供真实的案例、完整的构建过程以及相应源代码,使读者能完整感受完成深度学习项目的过程。

源代码

本书由吕云翔、刘卓然、关捷雄、欧阳植昊、杨卓谦、华昱云、陈妙然、黎昆昌、吕可馨、王渌汀编写,曾洪立参与了部分内容的编写并进行了素材整理及配套资源制作等。

由于作者水平和能力有限,书中难免有疏漏之处,恳请各位同仁和广大读者批评指正。

作　者

2021 年 1 月

目 录

基 础 篇

实 战 篇

基 础 篇

第 1 章

深度学习简介

1.1 计算机视觉

1.1.1 定义

计算机视觉是使用计算机及相关设备对生物视觉的一种模拟。它的主要任务是通过对采集的图片或视频进行处理以获得相应场景的三维信息。计算机视觉是一门关于如何运用照相机和计算机获取人们所需的、被拍摄对象的数据与信息的学问。形象地说,就是给计算机安装上眼睛(照相机)和大脑(算法),让计算机能够感知环境。

1.1.2 基本任务

计算机视觉的基本任务包括图像处理、模式识别或图像识别、景物分析、图像理解等。除了图像处理和模式识别之外,它还包括空间形状的描述、几何建模以及认识过程。实现图像理解是计算机视觉的终极目标。下面举例说明图像处理、模式识别和图像理解。

图像处理技术可以把输入图像转换成具有所希望特性的另一幅图像。例如,可通过处理使输出图像有较高的信噪比,或通过增强处理突出图像的细节,以便于操作员的检验。在计算机视觉研究中经常利用图像处理技术进行预处理和特征抽取。

模式识别技术根据从图像抽取的统计特性或结构信息,把图像分成预定的类别。例如,文字识别或指纹识别。在计算机视觉中,模式识别技术经常用于对图像中的某些部分(例如分割区域)的识别和分类。

图像理解技术是对图像内容信息的理解。给定一幅图像,图像理解程序不仅描述图像本身,而且描述和解释图像所代表的景物,以便对图像代表的内容做出决定。在人工智能研究的初期经常使用景物分析这个术语,以强调二维图像与三维景物之间的区别。图像理解除了需要复杂的图像处理以外,还需要具有关于景物成像的物理规律的知识以及与景物内容有关的知识。

1.1.3 传统方法

在深度学习算法出现之前,对于视觉算法来说,大致可以分为以下 5 个步骤:特征感知,图像预处理,特征提取,特征筛选,推理预测与识别。早期的机器学习,占优势的统计机器学习群体中,对特征的重视是不够的。

何为图片特征?用通俗的语言来说,即是最能表现图像特点的一组参数,常用到的特征类型有颜色特征、纹理特征、形状特征和空间关系特征。为了让机器尽可能完整且准确地理解图片,需要将包含庞杂信息的图像简化抽象为若干个特征量,以便于后续计算。在深度学习技术没有出现的时候,图像特征需要研究人员手工提取,这是一个繁杂且冗长的工作,因为很多时候研究人员并不能确定什么样的特征组合是有效的,而且常常需要研究人员去手工设计新的特征。在深度学习技术出现后,问题简化了许多,各种各样的特征提取器以人脑视觉系统为理论基础,尝试直接从大量数据中提取出图像特征。我们知道,图像是由多个像素拼接组成的,每个像素在计算机中存储的信息是其对应的 RGB 数值,一幅图片包含的数据量大小可想而知。

过去的算法主要依赖于特征算子,比如最著名的 SIFT 算子,即所谓的对尺度旋转保持不变的算子。它被广泛地应用于图像比对,特别是所谓的 structure from motion 这些应用中,有一些成功的应用例子。另一个是 HoG 算子,它可以提取比较健壮的物体边缘,在物体检测中扮演着重要的角色。

这些算子还包括 Textons、Spin image、RIFT 和 GLOH,都是在深度学习诞生之前或者深度学习真正流行起来之前,占领视觉算法的主流。

这些特征和一些特定的分类器组合得到了一些成功或半成功的例子,基本达到了商业化的要求,但还没有完全商业化。一是指纹识别算法,它已经非常成熟,一般是在指纹的图案上面去寻找一些关键点,寻找具有特殊几何特征的点,然后把两个指纹的关键点进行比对,判断是否匹配。然后是 2001 年基于 Haar 的人脸检测算法,在当时的硬件条件下已经能够达到实时人脸检测,我们现在所有手机相机里的人脸检测,都是基于它的变种。第三个是基于 HoG 特征的物体检测,它和所对应的 SVM 分类器组合起来就是著名的 DPM 算法。DPM 算法在物体检测上超过了所有的算法,取得了比较不错的成绩。但这种成功例子太少了,因为手工设计特征需要丰富的经验,需要研究人员对这个领域和数据特别了解,再设计出来特征还需要大量的调试工作。另一个难点在于,研究人员不只需要手工设计特征,还要在此基础上有一个比较合适的分类器算法。同时,设计特征然后选择一个分类器,这两者合并达到最优的效果,几乎是不可能完成的任务。

1.1.4 仿生学与深度学习

如果不手工设计特征,不挑选分类器,有没有别的方案呢?能不能同时学习特征和分类器?即输入某一个模型的时候,输入只是图片,输出就是它自己的标签。比如输入一个明星的头像,如图 1.1 所示神经网络示例,模型输出的标签就是一个 50 维的向量(如果要在 50 个人中识别),其中对应明星的向量是 1,其他的位置是 0。

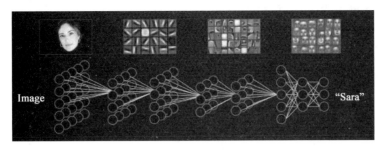

图 1.1 神经网络示例

这种设定符合人类脑科学的研究成果。1981 年,诺贝尔医学和生理学奖颁发给了神经生物学家 David Hubel。他的主要研究成果是发现了视觉系统信息处理机制,证明大脑的可视皮层是分级的。他的贡献主要有两个,一是他认为人的视觉功能一个是抽象,一个是迭代。抽象就是把非常具体、形象的元素,即原始的光线像素等信息,抽象出来形成有意义的概念。这些有意义的概念又会往上迭代,变成更加抽象、人可以感知到的抽象概念。

像素是没有抽象意义的,但人脑可以把这些像素连接成边缘,边缘相对像素来说就变成了比较抽象的概念;边缘进而形成球形,球形然后形成气球,又是一个抽象的过程,大脑最终就知道看到的是一个气球。

模拟人脑识别人脸,如图 1.2 所示,也是抽象迭代的过程,从最开始的像素到第二层的边缘,再到人脸的部分,然后到整张人脸,是一个抽象迭代的过程。

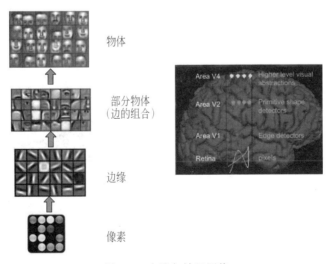

图 1.2 人脑与神经网络

再比如认识到图片中的物体是摩托车的这个过程,人脑可能只需要几秒就可以处理完毕,但这个过程中经过了大量的神经元抽象迭代。对计算机来说,最开始看到的根本也不是摩托车,而是 RGB 图像三个通道上不同的数字。

所谓的特征或者视觉特征,就是把这些数值综合起来用统计或非统计的方法,把摩托车的部件或者整辆摩托车表现出来。深度学习流行之前,大部分的设计图像特征就是基于此,即把一个区域内的像素级别的信息综合表现出来,以利于后面的分类学习。

如果要完全模拟人脑,也要模拟抽象和递归迭代的过程,把信息从最细琐的像素级别,抽象到"种类"的概念,让人能够接受。

1.1.5　现代深度学习

计算机视觉里经常使用的卷积神经网络,即 CNN,是一种对人脑比较精准的模拟。人脑在识别图片的过程中,并不是对整幅图同时进行识别,而是感知图片中的局部特征,之后再将局部特征综合起来得到整幅图的全局信息。卷积神经网络模拟了这一过程,其卷积层通常是堆叠的,低层的卷积层可以提取到图片的局部特征,例如角、边缘、线条等,高层的卷积层能够从低层的卷积层中学到更复杂的特征,从而实现对图片的分类和识别。

卷积就是两个函数之间的相互关系。在计算机视觉里面,可以把卷积当作一个抽象的过程,就是把小区域内的信息统计抽象出来。例如,对于一张爱因斯坦的照片,可以学习 n 个不同的卷积和函数,然后对这个区域进行统计。可以用不同的方法统计,比如可以着重统计中央,也可以着重统计周围,这就导致统计的函数的种类多种多样,以达到可以同时学习多个统计的累积和。

图 1.3 演示了如何从输入图像得到最后的卷积,生成相应的图。首先用学习好的卷积和对图像进行扫描,然后每个卷积和会生成一个扫描的响应图,称为响应图或者称为特征图(feature map)。如果有多个卷积和,就有多个特征图。也就是说,从一个最开始的输入图像(RGB 三个通道)可以得到 256 个通道的 feature map,因为有 256 个卷积和,每个卷积和代表一种统计抽象的方式。

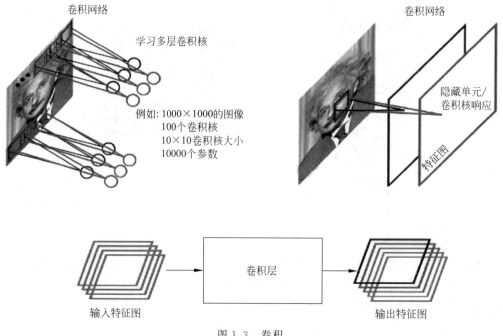

图 1.3　卷积

在卷积神经网络中,除了卷积层,还有一种叫池化的操作。池化操作在统计上的概念更明确,就是一种对一个小区域内求平均值或者求最大值的统计操作。

带来的结果是,池化操作会将输入的 feature map 的尺寸减小,让后面的卷积操作能够获得更大的视野,也降低了运算量,具有加速的作用。

在如图 1.4 所示这个例子里,池化层对每个大小为 2×2px 的区域求最大值,然后把最大值赋给生成的 feature map 的对应位置。如果输入图像的大小是 100×100px,那输出图像的大小就会变成 50×50px,feature map 变成了原来的 1/4。同时保留的信息是原来 2×2 区域里面最大的信息。

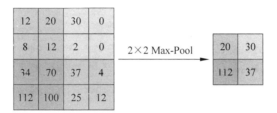

图 1.4　池化

LeNet 网络如图 1.5 所示。Le 是人工智能领域先驱 Lecun 名字的简写。LeNet 是许多深度学习网络的原型和基础。在 LeNet 之前,人工神经网络层数都相对较少,而 LeNet 5 层网络突破了这一限制。LeNet 在 1998 年即被提出,Lecun 用这一网络进行字母识别,达到了非常好的效果。

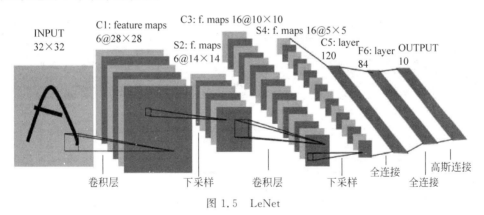

图 1.5　LeNet

LeNet 网络输入图像是大小为 32×32px 的灰度图,第一层经过了一组卷积和,生成了 6 个 28×28px 的 feature map,然后经过一个池化层,得到 6 个 14×14px 的 feature map,然后再经过一个卷积层,生成了 16 个 10×10px 的卷积层,再经过池化层生成 16 个 5×5px 的 feature map。

这 16 个大小为 5×5px 的 feature map 再经过 3 个全连接层,即可得到最后的输出结果。输出就是标签空间的输出。由于设计的是只对 $0\sim 9$ 进行识别,所以输出空间是 10,如果要对 10 个数字再加上 52 个大、小写字母进行识别的话,输出空间就是 62。向量各维度的值代表"图像中元素等于该维度对应标签的概率",即若该向量第一维度输出为

0.6,即表示图像中元素是"0"的概率是0.6。那么该62维向量中值最大的那个维度对应的标签即为最后的预测结果。62维向量里,如果某一个维度上的值最大,它对应的那个字母和数字就是预测结果。

从1998年开始的15年间,深度学习领域在众多专家学者的带领下不断发展壮大。遗憾的是,在此过程中,深度学习领域没有产生足以轰动世人的成果,导致深度学习的研究一度被边缘化。直到2012年,深度学习算法在部分领域取得不错的成绩,而压在骆驼背上的最后一根稻草就是AlexNet。

AlexNet由多伦多大学提出,在ImageNet比赛中取得了非常好的效果。AlexNet识别效果超过了当时所有浅层的方法。经此一役,AlexNet在此后被不断地改进、应用。同时,学术界和工业界认识到了深度学习的无限可能。

AlexNet是基于LeNet的改进,它可以被看作LeNet的放大版,如图1.6所示。AlexNet的输入是一个大小为224×224px的图片,输入图像在经过若干个卷积层和若干个池化层后,最后经过两个全连接层泛化特征,得到最后的预测结果。

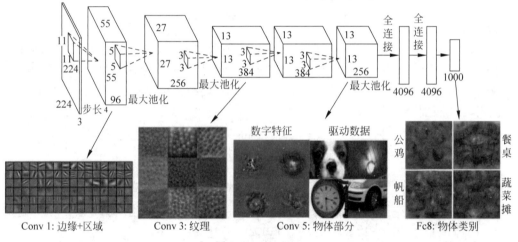

图1.6　AlexNet

2015年,特征可视化工具开始盛行。那么,AlexNet学习出的特征是什么样子的?在第一层,都是一些填充的块状物和边界等特征;中间层开始学习一些纹理特征;而在接近分类器的高层,则可以明显看到物体形状的特征;最后一层即分类层,不同物体的主要特征已经被完全提取出来。

无论对什么物体进行识别,特征提取器提取特征的过程都是渐进的。特征提取器最开始提取到的是物体的边缘特征,继而是物体的各部分信息,然后在更高层级上才能抽象到物体的整体特征。整个卷积神经网络实际上是在模拟人的抽象和迭代的过程。

1.1.6　小结

卷积神经网络的设计思路非常简洁,且很早就被提出。那为什么时隔二十多年,卷积神经网络才开始成为主流?这一问题与卷积神经网络本身的技术关系不太大,而与其他一些客观因素有关。

首先,如果卷积神经网络的深度太浅,其识别能力往往不如一般的浅层模型,比如SVM 或者 boosting。但如果神经网络深度过大,就需要大量数据进行训练来避免过拟合。而 2006 年及 2007 年开始,恰好是互联网开始产生大量图片数据的时期。

另外一个条件是运算能力。卷积神经网络对计算机的运算能力要求比较高,需要大量重复、可并行化的计算。在 1998 年 CPU 只有单核且运算能力比较低的情况下,不可能进行很深的卷积神经网络的训练。随着 GPU 计算能力的增长,卷积神经网络结合大数据的训练才成为可能。

总而言之,卷积神经网络的兴起与近些年来技术的发展是密切相关的,而这一领域的革新则不断推动了计算机视觉的发展与应用。

1.2 自然语言处理

自然语言区别于计算机所使用的机器语言和程序语言,是指人类用于日常交流的语言。而自然语言处理的目的是要让计算机来理解和处理人类的语言。

让计算机来理解和处理人类的语言也不是一件容易的事情,因为语言对于感知的抽象很多时候并不是直观的、完整的。我们的视觉感知到一个物体,就是实实在在地接收到了代表这个物体的所有像素。但是,自然语言的一个句子背后往往包含着不直接表述出来的常识和逻辑,这使得计算机在试图处理自然语言的时候不能从字面上获取所有的信息。因此自然语言处理的难度更大,它的发展与应用相比于计算机视觉也往往呈现出滞后的情况。

深度学习在自然语言处理上的应用也是如此。为了将深度学习引入这个领域,研究者尝试了许多方法来表示和处理自然语言的表层信息(如词向量、更高层次、带上下文信息的特征表示等),也尝试过许多方法来结合常识与直接感知(如知识图谱、多模态信息等)。这些研究都富有成果,其中的许多都已应用于现实中,甚至用于社会管理、商业、军事的目的。

1.2.1 自然语言处理的基本问题

自然语言处理主要研究能实现人与计算机之间用自然语言进行有效通信的各种理论和方法,其主要任务如下。

(1) **语言建模**。语言建模即计算一个句子在一种语言中出现的概率。这是一个高度抽象的问题,在第 8 章有详细介绍。它的一种常见形式是:给出句子的前几个词,预测下一个词是什么。

(2) **词性标注**。句子都是由单独的词汇构成的,自然语言处理有时需要标注出句子中每个词的词性。需要注意的是,句子中的词汇并不是独立的,在研究过程中,通常需要考虑词汇的上下文。

(3) **中文分词**。中文的最小自然单位是字,但单个字的意义往往不明确或者含义较多,并且在多语言的任务中与其他以词为基本单位的语言不对等。因此不论是从语言学特性还是从模型设计的角度来说,都需要将中文句子恰当地切分为单个的词。

（4）**句法分析**。由于人类表达的时候只能逐词地按顺序说,因此自然语言的句子也是扁平的序列。但这并不代表着一个句子中不相邻的词之间就没有关系,也不代表着整个句子中的词只有前后关系。它们之间的关系是复杂的,需要用树状结构或图才能表示清楚。句法分析中,人们希望通过明确句子内两个或多个词的关系来了解整个句子的结构。句法分析的最终结果是一棵句法树。

（5）**情感分类**。给出一个句子,我们希望知道这个句子表达了什么情感:有时候是正面/负面的二元分类,有时候是更细粒度的分类;有时候是仅给出一个句子,有时候是指定对于特定对象的态度/情感。

（6）**机器翻译**。最常见的是把源语言的一个句子翻译成目标语言的一个句子。与语言建模相似,给定目标语言一个句子的前几个词,预测下一个词是什么,但最终预测出来的整个目标语言句子必须与给定的源语言句子具有完全相同的含义。

（7）**阅读理解**。有许多形式。有时候是输入一个段落或一个问题,生成一个回答(类似问答),或者在原文中标定一个范围作为回答(类似从原文中找对应句子),有时候是输出一个分类(类似选择题)。

1.2.2　传统方法与神经网络方法的比较

1. 人工参与程度

传统的自然语言处理方法中,人参与得非常多。比如基于规则的方法就是由人完全控制,人用自己的专业知识完成了对一个具体任务的抽象和建立模型,对模型中一切可能出现的案例提出解决方案,定义和设计了整个系统的所有行为。这种人过度参与的现象到基于传统统计学方法出现以后略有改善,人们开始让步对系统行为的控制;被显式构建的是对任务的建模和对特征的定义,然后系统的行为就由概率模型来决定了,而概率模型中的参数估计则依赖于所使用的数据和特征工程中所设计的输入特征。到了深度学习的时代,特征工程也不需要了,人只需要构建一个合理的概率模型,特征抽取就由精心设计的神经网络架构来完成;甚至于当前人们已经在探索神经网络架构搜索的方法,这意味着人们对于概率模型的设计也部分地交给了深度学习代劳。

总而言之,人的参与程度越来越低,但系统的效果越来越好。这是合乎直觉的,因为人对于世界的认识和建模总是片面的、有局限性的。如果可以将自然语言处理系统的构建自动化,将其基于对世界的观测点(即数据集),所建立的模型和方法一定会比人类的认知更加符合真实的世界。

2. 数据量

随着自然语言处理系统中人工参与的程度越来越低,系统的细节就需要更多的信息来决定,这些信息只能来自更多的数据。今天当我们提到神经网络方法时,都喜欢把它描述成为"数据驱动的方法"。

从人们使用传统的统计学方法开始,如何取得大量的标注数据就已经是一个难题。随着神经网络架构日益复杂,网络中的参数也呈现爆炸式的增长。特别是近年来深度学习加速硬件的算力突飞猛进,人们对于使用巨量的参数更加肆无忌惮,这就显得数据量日益捉襟见肘。特别是一些低资源的语言和领域中,数据短缺问题更加严重。

这种数据的短缺,迫使人们研究各种方法来提高数据利用效率(data efficiency)。于是 zero-shot learning、domain adaptation 等半监督乃至非监督的方法应运而生。

3. 可解释性

人工参与程度的降低带来的另一个问题是模型的可解释性越来越低。在理想状况下,如果系统非常有效,人们根本不需要关心黑盒系统的内部构造。但事实是自然语言处理系统的状态离完美还有相当大的差距,因此当模型出现问题的时候,人们总是希望知道问题的原因,并且找到相应的办法来避免或修补。

一个模型能允许人们检查它的运行机制和问题成因,允许人们干预和修补问题,要做到这一点是非常重要的,尤其是对于一些商用生产的系统来说。传统基于规则的方法中,一切规则都是由人手动规定的,要更改系统的行为非常容易;而在传统的统计学方法中,许多参数和特征都有明确的语言学含义,要想定位或者修复问题通常也可以做到。

然而现在主流的神经网络模型都不具备这种能力,它们就像黑箱子,你可以知道它有问题,或者有时候可以通过改变它的设定来大致猜测问题的可能原因;但要想控制和修复问题则往往无法在模型中直接完成,而要在后处理(post-processing)的阶段重新拾起旧武器——基于规则的方法。

这种隐忧使得人们开始探索如何提高模型的可解释性这一领域。主要的做法包括试图解释现有的模型和试图建立透明度较高的新模型。然而要做到完全理解一个神经网络的行为并控制它,还有很长的路要走。

1.2.3 发展趋势

从传统方法和神经网络方法的对比中,可以看出自然语言处理的模型和系统构建是向着越来越自动化、模型越来越通用的趋势发展的。

一开始,人们试图减少和去除人类专家知识的参与。因此就有了大量的网络参数、复杂的架构设计,这些都是通过在概率模型中提供潜在变量(latent variable),使得模型具有捕捉和表达复杂规则的能力。这一阶段,人们渐渐地摆脱了人工制定的规则和特征工程,同一种网络架构可以被许多自然语言任务通用。

之后,人们觉得每一次为新的自然语言处理任务设计一个新的模型架构并从头训练的过程过于烦琐,于是试图开发利用这些任务底层所共享的语言特征。在这一背景下,迁移学习逐渐发展,从前神经网络时代的 LDA、Brown Clusters,到早期深度学习中的预训练词向量 word2vec、Glove 等,再到今天家喻户晓的预训练语言模型 ELMo、BERT。这使得不仅是模型架构可以通用,连训练好的模型参数也可以通用了。

现在人们希望神经网络的架构都可以不需要设计,而是根据具体的任务和数据来搜索得到。这一新兴领域方兴未艾,可以预见,随着研究的深入,自然语言处理的自动化程度一定会得到极大的提高。

1.3 强化学习

1.3.1 什么是强化学习

强化学习是机器学习的一个重要分支,它与非监督学习、监督学习并列为机器学习的三类主要学习方法,三者之间的关系如图1.7所示。强化学习强调如何基于环境行动,以取得最大化的预期利益,所以强化学习可以被理解为决策问题。它是多学科、多领域交叉的产物,其灵感来自心理学的行为主义理论,即有机体如何在环境给予的奖励或惩罚的刺激下,逐步形成对刺激的预期,产生能获得最大利益的习惯性行为。强化学习的应用范围非常广泛,各领域对它的研究重点各有不同,在本书中,不对这些分支展开讨论,而专注于强化学习的通用概念。

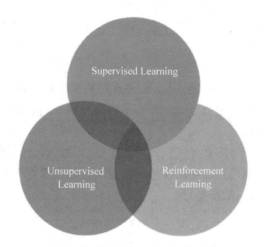

图1.7 强化学习、监督学习、非监督学习关系示意图

在实际应用中,人们常常会把强化学习、监督学习和非监督学习这三者混淆,为了更深刻地理解强化学习和它们之间的区别,首先介绍监督学习和非监督学习的概念。

监督学习是通过带有标签或对应结果的样本训练得到一个最优模型,再利用这个模型将所有的输入映射为相应的输出,以实现分类。

非监督学习即在样本的标签未知的情况下,根据样本间的相似性对样本集进行聚类,使类内差距最小化,学习出分类器。

上述两种学习方法都会学习到输入到输出的一个映射,它们学习到的是输入和输出之间的关系,可以告诉算法什么样的输入对应着什么样的输出,而强化学习得到的是反馈,它是在没有任何标签的情况下,通过先尝试做出一些行为、得到一个结果,通过这个结果是对还是错的反馈,调整之前的行为。在不断的尝试和调整中,算法学习到在什么样的情况下选择什么样的行为可以得到最好的结果。此外,监督学习的反馈是即时的,而强化学习的结果反馈有延时,很可能需要走了很多步以后才知道之前某一步的选择是好还是坏。

1. 强化学习的 4 个元素

强化学习主要包含 4 个元素：智能体（agent）、环境状态（state）、行动（action）、反馈（reward），它们之间的关系如图 1.8 所示，详细定义如下。

agent：智能体是执行任务的客体，只能通过与环境互动来提升策略。

state：在每个时间节点，agent 所处的环境的表示即为环境状态。

action：在每个环境状态中，agent 可以采取的动作即为行动。

reward：每到一个环境状态，agent 就有可能会收到一个反馈。

2. 强化学习算法的目标

强化学习算法的目标就是获得最多的累计奖励（正反馈）。以"幼童学习走路"为例，幼童需要自主学习走路，没有人指导他应该如何完成"走路"，他需要通过不断的尝试和获取外界对他的反馈来学习走路。

在此例中，如图 1.8 所示，幼童即为 agent，"走路"这个任务实际上包含以下几个阶段：站起来，保持平衡，迈出左腿，迈出右腿……幼童采取行动做出尝试，当他成功完成了某个子任务时（如站起来等），他就会获得一个巧克力（正反馈）；当他做出了错误的动作时，他会被轻轻拍打一下（负反馈）。幼童通过不断地尝试和调整，找出了一套最佳的策略，这套策略能使他获得最多的巧克力。显然，他学习到的这套策略能使他顺利完成"走路"这个任务。

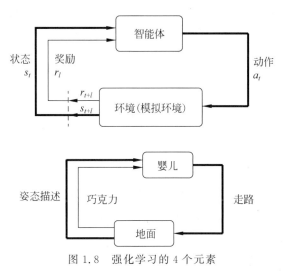

图 1.8 强化学习的 4 个元素

3. 特征

（1）没有监督者，只有一个反馈信号。

（2）反馈是延迟的，不是立即生成的。

（3）强化学习是序列学习，时间在强化学习中具有重要的意义。

（4）agent 的行为会影响以后所有的决策。

1.3.2　强化学习算法简介

强化学习主要可以分为 Model-Free(无模型的)和 Model-Based(有模型的)两大类。Model-Free 算法又分成基于概率的和基于价值的。

1. Model-Free 和 Model-Based

如果 agent 不需要去理解或计算出环境模型,算法就是 Model-Free 的;相应地,如果需要计算出环境模型,那么算法就是 Model-Based 的。实际应用中,研究者通常用如下方法进行判断:在 agent 执行它的动作之前,它是否能对下一步的状态和反馈做出预测?如果可以,那么就是 Model-Based 方法;如果不能,即为 Model-Free 方法。

两种方法各有优劣。Model-Based 方法中,agent 可以根据模型预测下一步的结果,并提前规划行动路径。但真实模型和学习到的模型是有误差的,这种误差会导致 agent 虽然在模型中表现很好,但是在真实环境中可能达不到预期结果。Model-Free 的算法看似随意,但这恰好更易于研究者们去实现和调整。

2. 基于概率的算法和基于价值的算法

基于概率的算法是指直接输出下一步要采取的各种动作的概率,然后根据概率采取行动。每种动作都有可能被选中,只是可能性不同。基于概率的算法的代表算法为 policy-gradient,而基于价值的算法输出的则是所有动作的价值,然后根据最高价值来选择动作。相比基于概率的方法,基于价值的决策部分更为死板——只选价值最高的,而基于概率的,即使某个动作的概率最高,但是还是不一定会选到它。基于价值的算法的代表算法为 Q-Learning。

1.3.3　强化学习的应用

1. 交互性检索

交互性检索是在检索用户不能构建良好的检索式(关键词)的情况下,通过与检索平台交流互动并不断修改检索式,从而获得较准确检索结果的过程。

当用户想要搜索一个竞选演讲(Wu & Lee,INTERSPEECH 16)时,他不能提供直接的关键词,其交互性搜索过程如图 1.9 所示。在交互性检索中,机器作为 agent,在不断的尝试中(提供给用户可能的问题答案)接受来自用户的反馈(对答案的判断),最终找到符合要求的结果。

2. 新闻推荐

新闻推荐,如图 1.10 所示。一次完整的推荐过程包含以下过程:一个用户单击 App 底部刷新或者下拉,后台获取到用户请求,并根据用户的标签召回候选新闻,推荐引擎则对候选新闻进行排序,最终给用户推出 10 条新闻。如此往复,直到用户关闭 App,停止浏览新闻。将用户持续浏览新闻的推荐过程看成一个决策过程,就可以通过强化学习学习每一次推荐的最佳策略,从而使得用户从开始打开 App 到关闭 App 这段时间内的点击量最高。

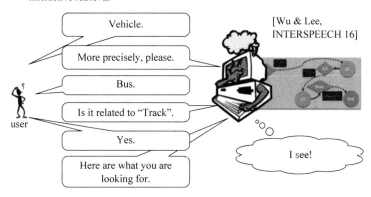

图 1.9　交互性检索

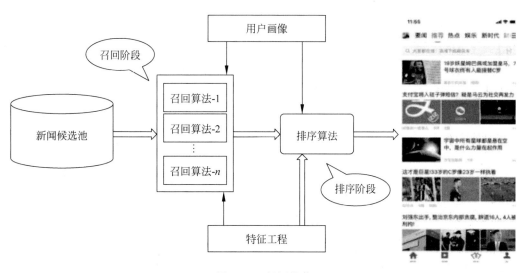

图 1.10　新闻推荐

在此例中,推荐引擎作为 agent,通过连续的行动即推送 10 篇新闻,获取来自用户的反馈,即单击:如果用户浏览了新闻,则为正反馈,否则为负反馈,从中学习出奖励最高(点击量最高)的策略。

第 **2** 章

深度学习框架

2.1 Caffe

2.1.1 Caffe 简介

Caffe 全称为 Convolutional Architecture for Fast Feature Embedding,是一种常用的深度学习框架,是一个清晰的、可读性高的、快速的深度学习框架,主要应用在视频、图像处理方面。Caffe 的官网是 http://caffe.berkeleyvision.org/。

Caffe 是第一个主流的工业级深度学习工具,专精于图像处理。它有很多扩展,但是由于一些遗留的架构问题,不够灵活,且对递归网络和语言建模的支持很差。在基于层的网络结构方面,Caffe 的扩展性不好。若用户如果想要增加层,则需要自己实现网络层的前向、后向和梯度更新。

2.1.2 Caffe 的特点

Caffe 的基本工作流程是设计建立在神经网络中的一个简单假设,所有的计算都是以层的形式表示的,网络层所做的事情就是输入数据,然后输出计算结果。比如卷积就是输入一幅图像,然后和这一层的参数(filter)做卷积,最终输出卷积结果。每层需要两种函数计算,一种是 forward,从输入计算到输出;另一种是 backward,从上层给的 gradient 来计算相对于输入层的 gradient。这两个函数实现之后,就可以把许多层连接成一个网络,这个网络输入数据(图像,语音或其他原始数据),然后计算需要的输出(比如识别的标签)。在训练的时候,可以根据已有的标签计算 loss 和 gradient,然后用 gradient 来更新网络中的参数。

Caffe 是一个清晰而高效的深度学习框架,它基于纯粹的 C++/CUDA 架构,支持命令行、Python 和 MATLAB 接口,可以在 CPU 和 GPU 之间无缝切换。它的模型与优化都是通过配置文件来设置的,无需代码。Caffe 设计之初就做到了尽可能的模块化,允许对数据格式、网络层和损失函数进行扩展。Caffe 的模型定义是用 Protocol Buffer（协议缓冲区）语言写进配置文件的，以任意有向无环图的形式。Caffe 会根据网络需要正确占用内存，通过一个函数调用实现 CPU 和 GPU 之间的切换。Caffe 每个单一的模块都对应一个测试，使得测试的覆盖非常方便，同时提供 Python 和 MATLAB 接口，用这两种语言进行调用都是可行的。

2.1.3 Caffe 概述

Caffe 是一种对新手非常友好的深度学习框架模型，它的相应优化都是以文本形式而非代码形式给出。Caffe 中的网络都是有向无环图的集合，可以直接定义，如图 2.1 所示。

数据及其导数以 blobs 的形式在层间流动，Caffe 层的定义由两部分组成：层属性与层参数，如图 2.2 所示。

```
name: "dummy-net"
layers {name: "data" …}
layers {name: "conv" …}
layers {name: "pool" …}
layers {name: "loss" …}
```

图 2.1 Caffe 网络定义

```
name:"conv1"
type:CONVOLUTION
bottom:"data"
top:"conv1"
convolution_param{
    num_output:20
    kernel_size:5
    stride:1
    weight_filler{
        type: "xavier"
    }
}
```

图 2.2 Caffe 层定义

这段配置文件的前 4 行是层属性，定义了层名称、层类型以及层连接结构（输入 blob 和输出 blob）；而后半部分是各种层参数。blob 是用以存储数据的 4 维数组，例如对于数据：$Number \times Channel \times Height \times Width$；对于卷积权重：$Output \times Input \times Height \times Width$；对于卷积偏置：$Output \times 1 \times 1 \times 1$。

在 Caffe 模型中，网络参数的定义也非常方便，可以随意像图 2.3 中那样设置相应参数。感觉上更像是配置服务器参数而不像是代码。

```
# test_iter specifies how many forward passes the test should carry out.
# In the case of MNIST, we have test batch size 100 and 100 test iterations,
# covering the full 10,000 testing images.
test_iter: 100
# Carry out testing every 500 training iterations.
test_interval: 500
# The base learning rate, momentum and the weight decay of the network.
base_lr: 0.01
momentum: 0.9
weight_decay: 0.0005
# The learning rate policy
lr_policy: "inv"
gamma: 0.0001
power: 0.75
# Display every 100 iterations
display: 100
# The maximum number of iterations
max_iter: 10000
# snapshot intermediate results
snapshot: 5000
snapshot_prefix: "lenet"
# solver mode: CPU or GPU
solver mode: GPU
```

图 2.3 Caffe 参数配置

2.2 TensorFlow

2.2.1 TensorFlow 简介

TensorFlow 是一个采用数据流图(data flow graph)用于数值计算的开源软件库。节点(node)在图中表示数学操作,图中的线(edge)则表示在节点间相互联系的多维数据数组,即张量(tensor)。它灵活的架构让用户可以在多种平台上展开计算,例如,台式计算机中的一个或多个 CPU(或 GPU)、服务器、移动设备等。TensorFlow 最初由 Google 大脑小组(隶属于 Google 机器智能研究机构)的研究员和工程师们开发出来,用于机器学习和深度神经网络方面的研究,但这个系统的通用性使其也可广泛用于其他计算领域。

2.2.2 数据流图

如图 2.4 所示,数据流图用"节点"(node)和"线"(edge)的有向图来描述数学计算。"节点"一般用来表示施加的数学操作,但也可以表示数据输入(feed in)的起点/输出(push out)的终点,或者是读取/写入持久变量(persistent variable)的终点。"线"表示"节点"之间的输入/输出关系。这些数据"线"可以输运"size 可动态调整"的多维数据数组,即"张量"(tensor)。张量从图中流过的直观图像是这个工具取名为 TensorFlow 的原因。一旦输入端的所有张量准备好,节点将被分配到各种计算设备完成异步并行的运算。

2.2.3 TensorFlow 的特点

TensorFlow 不是一个严格的"神经网络"库。只要用户可以将计算表示为一个数据流图就可以使用 TensorFlow。用户负责构建图,描写驱动计算的内部循环。TensorFlow 提供有用的工具来帮助用户组装"子图",当然用户也可以自己在 TensorFlow 基础上写自己的"上层库"。定义新复合操作和写一个 Python 函数一样容易。TensorFlow 的可扩展性相当强,如果用户找不到想要的底层数据操作,也可以自己写一些 C++代码来丰富底层的操作。

TensorFlow 在 CPU 和 GPU 上运行,比如可以运行在台式计算机、服务器、手机移动设备上等。TensorFlow 支持将训练模型自动在多个 CPU 上规模化运算,以及将模型迁移到移动端后台。

基于梯度的机器学习算法会受益于 TensorFlow 自动求微分的能力。作为 TensorFlow 用户,只需要定义预测模型的结构,将这个结构和目标函数(objective function)结合在一起,并添加数据,TensorFlow 将自动为用户计算相关的微分导数。计算某个变量相对于其他变量的导数仅仅是通过扩展用户的图来完成的,所以用户能一直清楚看到究竟在发生什么。

TensorFlow 还有一个合理的 C++使用界面,也有一个易用的 Python 使用界面来构建和执行用户的图。用户可以直接写 Python/C++程序,也可以通过交互式的 IPython 界面使用 TensorFlow 尝试实现一些想法,它可以帮用户将笔记、代码、可视化内容等有条理地归置好。

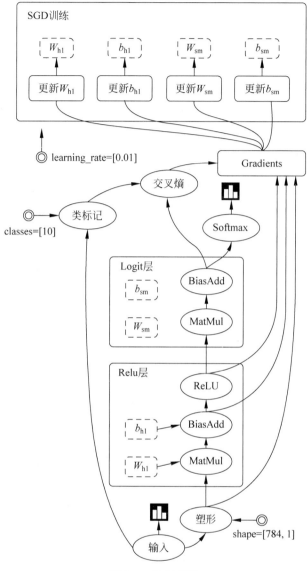

图 2.4 数据流图

2.2.4 TensorFlow 概述

TensorFlow 中的 Flow,也就是流,是其完成运算的基本方式。流是指一个计算图或简单的一个图,图不能形成环路,图中的每个节点代表一个操作,如加法、减法等。每个操作都会导致新的张量形成。

图 2.5 展示了一个简单的计算图,所对应的表达式为:$e=(a+b)(b+1)$。计算图具有以下属性:叶子节点或起始节点始终是张量。意即,操作永远不会发生在图的开头,由此可以推断,图中的每个操作都应该接受一个张量并产生一个新的张量。同样,张量不能作为非叶子节点出现,这意味着它们应始终作为输入提供给操作/节点。计算图总是以层

次顺序表达复杂的操作。通过将 $a+b$ 表示为 c，将 $b+1$ 表示为 d，可以分层次组织上述表达式。因此，可以将 e 写为：$e=c\times d$，这里 $c=a+b$ 且 $d=b+1$。以反序遍历图形而形成子表达式，这些子表达式组合起来形成最终表达式。正向遍历时，遇到的顶点总是成为下一个顶点的依赖关系，例如，没有 a 和 b 就无法获得 c，同样地，如果不解决 c 和 d 则无法获得 e。同级节点的操作彼此独立，这是计算图的重要属性之一。当按照图 2.5 所示的方式构造一个图时，很自然的是，在同一级中的节点，例如 c 和 d，彼此独立，这意味着没有必要在计算 d 之前计算 c，因此它们可以并行执行。

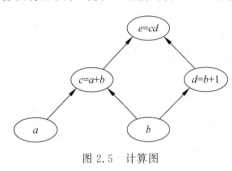

图 2.5　计算图

上文提到的最后一个属性，计算图的并行当然是最重要的属性之一。它清楚地表明，同级的节点是独立的，这意味着在 c 被计算之前不需空闲，可以在计算 c 的同时并行计算 d。TensorFlow 充分利用了这个属性。

TensorFlow 允许用户使用并行计算设备更快地执行操作。计算的节点或操作自动调度进行并行计算。这一切都发生在内部，例如在图 2.5 中，可以在 CPU 上调度操作 c，在 GPU 上调度操作 d。图 2.6 展示了两种分布式执行的过程。

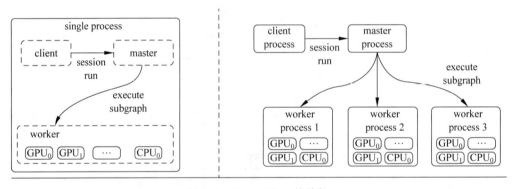

图 2.6　TensorFlow 的并行

如图 2.6 所示，第一种是单个系统分布式执行，其中单个 TensorFlow 会话(将在稍后解释)创建单个 worker，并且该 worker 负责在各设备上调度任务。在第二种系统下有多个 worker，他们可以在同一台机器上或不同的机器上，每个 worker 都在自己的上下文中运行。在图 2.6 中，worker 进程 1 运行在独立的机器上，并调度所有可用设备进行计算。

计算子图是主图的一部分，其本身就是计算图。例如，在图 2.5 中，可以获得许多子图，其中之一如图 2.7 所示。

图 2.7 是主图的一部分，从属性 2 可以说子图总是表示一个子表达式，因为 c 是 e 的子表达式。子图也满足最后一个属性。同一级别的子图也相互独立，可以并行

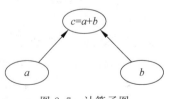

图 2.7　计算子图

执行。因此可以在一台设备上调度整个子图。

图 2.8 解释了子图的并行执行。这里有两个矩阵乘法运算，因为它们都处于同一级别，彼此独立，这符合最后一个属性。由于独立性的缘故，节点安排在不同的设备 gpu_0 和 gpu_1 上。

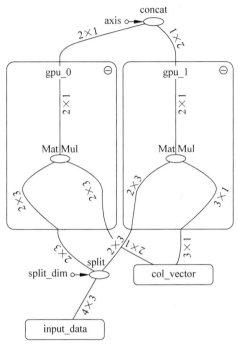

图 2.8　子图调度

TensorFlow 将其所有操作分配到由 worker 管理的不同设备上。更常见的是，worker 之间交换张量形式的数据，例如，在 $e = (c) \times (d)$ 的图表中，一旦计算出 c，就需要将其进一步传递给 e，因此 Tensor 在节点间前向流动。该流动如图 2.9 所示。

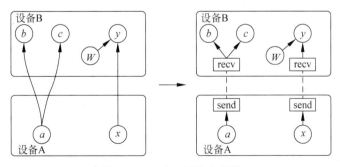

图 2.9　worker 间信息传递

通过以上的介绍，希望读者可以对 TensorFlow 的一些基本特点和运行方式有一个大致的了解。

2.3　PyTorch

2.3.1　PyTorch 简介

2017 年 1 月，Facebook 人工智能研究院(FAIR)团队在 GitHub 上开源了 PyTorch，并迅速占领 GitHub 热度榜榜首。

作为具有先进设计理念的框架，PyTorch 的历史可追溯到 Torch。Torch 于 2002 年诞生于纽约大学，它使用了一种受众面比较小的语言 Lua 作为接口。Lua 具有简洁高效的特点，但由于其过于小众，导致很多人听说要掌握 Torch 必须新学一门语言而望而却步。

考虑到 Python 在计算科学领域的领先地位，以及其生态的完整性和接口的易用性，几乎任何框架都不可避免地要提供 Python 接口。因此，Torch 的幕后团队推出了 PyTorch。PyTorch 不是简单地封装 Lua，Torch 提供 Python 接口，而是对 Tensor 之上的所有模块进行了重构，并新增了最先进的自动求导系统，成为当下最流行的动态图框架。

PyTorch 一经推出就立刻引起了广泛关注，并迅速在研究领域流行起来。PyTorch 自发布起关注度就在不断上升，截至 2017 年 10 月 18 日，PyTorch 的热度已然超越了其他三个框架(Caffe、MXNet 和 Theano)，并且其热度还在持续上升中。

2.3.2　PyTorch 的特点

PyTorch 可以看作是加入了 GPU 支持的 Numpy。而 TensorFlow 与 Caffe 都是命令式的编程语言，而且它们是静态的，即首先必须构建一个神经网络，然后一次又一次使用同样的结构；如果想要改变网络的结构，就必须从头开始。但是 PyTorch 通过一种反向自动求导的技术，可以让用户零延迟地任意改变神经网络的行为，尽管这项技术不是 PyTorch 所独有，但到目前为止它的实现是最快的，这也是 PyTorch 对比 TensorFlow 最大的优势。

PyTorch 的设计思路是线性、直观且易于使用的，当用户执行一行代码时，它会忠实地执行，所以当用户的代码出现缺陷(bug)的时候，可以通过这些信息轻松快捷地找到出错的代码，不会让用户在调试(Debug)的时候因为错误的指向或者异步和不透明的引擎浪费太多的时间。

PyTorch 的代码相对于 TensorFlow 而言，更加简洁直观，同时对于 TensorFlow 高度工业化的很难看懂的底层代码，PyTorch 的源代码就要友好得多，更容易看懂。深入 API，理解 PyTorch 底层肯定是一件令人高兴的事。

2.3.3　PyTorch 概述

由于在后文中还会详细介绍 PyTorch 的特点，在此处就不详细介绍了。PyTorch 最大的优势是建立的神经网络是动态的，可以非常容易地输出每一步的调试结果，相比于其他框架来说，调试起来十分方便。

如图 2.10 和图 2.11 所示，PyTorch 的图是随着代码的运行逐步建立起来的，也就是说,使用者并不需要在一开始就定义好全部的网络结构,而是可以随着编码的进行来一点儿一点儿地调试,相比于 TensorFlow 和 Caffe 的静态图而言,这种设计显得更加贴近一般人的编码习惯。

```
A graph is created on the fly

from torch.autograd import Variable

x = Variable(torch.randn(1, 10))
prev_h = Variable(torch.randn(1, 20))
W_h = Variable(torch.randn(20, 20))
W_x = Variable(torch.randn(20, 10))
```

图 2.10 动态图 1

```
Back-propagation
uses the dynamically built graph

from torch.autograd import Variable

x = Variable(torch.randn(1, 10))
prev_h = Variable(torch.randn(1, 20))
W_h = Variable(torch.randn(20, 20))
W_x = Variable(torch.randn(20, 10))

i2h = torch.mm(W_x, x.t())
h2h = torch.mm(W_h, prev_h.t())
next_h = i2h + h2h
next_h = next_h.tanh()

next_h.backward(torch.ones(1, 20))
```

图 2.11 动态图 2

PyTorch 的代码如图 2.12 所示,相比于 TensorFlow 和 Caffe 而言显得可读性非常高,网络各层的定义与传播方法一目了然,甚至不需要过多的文档与注释,单凭代码就可以很容易理解其功能,也就成为许多初学者的首选。

```
import torch.nn as nn
import torch.nn.functional as F

class LeNet(nn.Module):
    def __init__(self):
        super(LeNet, self).__init__()
        self.conv1 = nn.Conv2d(3, 6, 5)
        self.conv2 = nn.Conv2d(6, 16, 5)
        self.fc1 = nn.Linear(16 * 5 * 5, 120)
        self.fc2 = nn.Linear(120, 84)
        self.fc3 = nn.Linear(84, 10)

    def forward(self, x):
        x = F.max_pool2d(F.relu(self.conv1(x)), 2)
        x = F.max_pool2d(F.relu(self.conv2(x)), 2)
        x = x.view(-1, 16 * 5 * 5)
        x = F.relu(self.fc1(x))
        x = F.relu(self.fc2(x))
        x = self.fc3(x)
        return x
```

图 2.12 PyTorch 代码示例

2.4 三者的比较

2.4.1 Caffe

Caffe 的优点是简洁快速,缺点是缺少灵活性。Caffe 灵活性的缺失主要是因为它的设计缺陷。在 Caffe 中最主要的抽象对象是层,每实现一个新的层,必须要利用 C++实现它的前向传播和反向传播代码,而如果想要新层运行在 GPU 上,还需要同时利用 CUDA 实现这一层的前向传播和反向传播。这种限制使得不熟悉 C++和 CUDA 的用户扩展 Caffe 十分困难。

Caffe 凭借其易用性、简洁明了的源码、出众的性能和快速的原型设计获取了众多用户,曾经占据深度学习领域的半壁江山。但是在深度学习新时代到来之时,Caffe 已经表现出明显的力不从心,诸多问题逐渐显现,包括灵活性缺失、扩展难、依赖众多环境难以配置、应用局限等。尽管现在在 GitHub 上还能找到许多基于 Caffe 的项目,但是新的项目已经越来越少。

Caffe 的作者从加州大学伯克利分校毕业后加入了 Google,参与过 TensorFlow 的开发,后来离开 Google 加入 FAIR,担任工程主管,并开发了 Caffe2。Caffe2 是一个兼具表现力、速度和模块性的开源深度学习框架。它沿袭了大量的 Caffe 设计,可解决多年来在 Caffe 的使用和部署中发现的瓶颈问题。Caffe2 的设计追求轻量级,在保有扩展性和高性能的同时,Caffe2 也强调了便携性。Caffe2 从一开始就以性能、扩展、移动端部署作为主要设计目标。Caffe2 的核心 C++库能提供速度和便携性,而其 Python 和 C++ API 使用户可以轻松地在 Linux、Windows、iOS、Android ,甚至 Raspberry Pi 和 NVIDIA Tegra 上进行原型设计、训练和部署。

Caffe2 继承了 Caffe 的优点,在速度上令人印象深刻。Facebook 人工智能实验室与应用机器学习团队合作,利用 Caffe2 大幅加速机器视觉任务的模型训练过程,仅需 1h 就训练完 ImageNet 这样超大规模的数据集。然而时至今日,Caffe2 仍然是一个不太成熟的框架,官网至今没提供完整的文档,安装也比较麻烦,编译过程时常出现异常,在 GitHub 上也很少能找到相应的代码。

极盛的时候,Caffe 占据了计算机视觉研究领域的半壁江山,虽然如今 Caffe 已经很少用于学术界,但是仍有不少计算机视觉相关的论文使用 Caffe。由于其稳定、出众的性能,不少公司还在使用 Caffe 部署模型。Caffe2 尽管做了许多改进,但是还远没有达到替代 Caffe 的地步。

2.4.2 TensorFlow

TensorFlow 在很大程度上可以看作 Theano 的后继者,不仅因为它们有很大一批共同的开发者,而且它们还拥有相近的设计理念,都是基于计算图实现自动微分系统。TensorFlow 使用数据流图进行数值计算,图中的节点代表数学运算,而图中的边则代表在这些节点之间传递的多维数组(张量)。

TensorFlow 编程接口支持 Python 和 C++。随着 1.0 版本的公布,Java、Go、R 和

Haskell API 的 alpha 版本也被支持。此外,TensorFlow 还可在 Google Cloud 和 AWS 中运行。TensorFlow 还支持 Windows 7、Windows 10 和 Windows Server 2016。由于 TensorFlow 使用 C++Eigen 库,所以库可在 ARM 架构上编译和优化。这也就意味着用户可以在各种服务器和移动设备上部署自己的训练模型,无须执行单独的模型解码器或者加载 Python 解释器。

作为当前最流行的深度学习框架,TensorFlow 获得了极大的成功,对它的批评也不绝于耳,总结起来主要有以下 4 点。

(1) 过于复杂的系统设计。TensorFlow 在 GitHub 代码仓库的总代码量超过 100 万行。这么大的代码仓库,对于项目维护者来说维护成为一个难以完成的任务,而对读者来说,学习 TensorFlow 底层运行机制更是一个极其痛苦的过程,并且大多数时候这种尝试以放弃告终。

(2) 频繁变动的接口。TensorFlow 的接口一直处于快速迭代之中,并且没有很好地考虑向后兼容性,这导致现在许多开源代码已经无法在新版的 TensorFlow 上运行,同时也间接导致了许多基于 TensorFlow 的第三方框架出现缺陷(Bug)。

(3) 由于接口设计过于晦涩难懂,所以在设计 TensorFlow 时,创造了图、会话、命名空间、PlaceHolder 等诸多抽象概念,对普通用户来说难以理解。同一个功能,TensorFlow 提供了多种实现,这些实现良莠不齐,使用中还有细微的区别,很容易误导用户。

(4) TensorFlow 作为一个复杂的系统,文档和教程众多,但缺乏明显的条理和层次,虽然查找很方便,但用户却很难找到一个真正循序渐进的入门教程。

由于直接使用 TensorFlow 的生产力过于低下,包括 Google 官方等众多开发者都在尝试基于 TensorFlow 构建一个更易用的接口,包括 Keras、Sonnet、TFLearn、TensorLayer、Slim、Fold、PrettyLayer 等数不胜数的第三方框架每隔几个月就会在新闻中出现一次,但不久又大多归于沉寂,至今 TensorFlow 仍没有一个统一易用的接口。

凭借 Google 强大的推广能力,TensorFlow 已经成为当今最炙手可热的深度学习框架,但是由于自身的缺陷,TensorFlow 离最初的设计目标还很遥远。另外,由于 Google 对 TensorFlow 略显严格的把控,目前各大公司都在开发自己的深度学习框架。

2.4.3　PyTorch

PyTorch 是当前难得的简洁、优雅且高效快速的框架。PyTorch 的设计追求最少的封装,尽量避免重复造轮子。不像 TensorFlow 中充斥着 session、graph、operation、name_scope、variable、tensor 等全新的概念,PyTorch 的设计遵循 tensor→variable(autograd)→nn. Module 三个由低到高的抽象层次,分别代表高维数组(张量)、自动求导(变量)和神经网络(层/模块),而且这三个抽象层次之间联系紧密,可以同时进行修改和操作。

简洁的设计带来的另外一个好处就是代码易于理解。PyTorch 的源码只有 TensorFlow 的 1/10 左右,更少的抽象性、更直观的设计使得 PyTorch 的源码十分易于阅读。

PyTorch 的灵活性不以速度为代价,在许多评测中,PyTorch 的速度表现胜过

TensorFlow 和 Keras 等框架。框架的运行速度和程序员的编程水平有极大关系,但如果采用同样的算法,使用 PyTorch 比使用其他框架实现得更快。

同时 PyTorch 是所有框架中面向对象设计得最优雅的一个。PyTorch 的面向对象的接口设计来源于 Torch,而 Torch 的接口设计以灵活易用而著称,Keras 作者最初就是受 Torch 的启发才开发了 Keras。PyTorch 继承了 Torch 的衣钵,尤其是 API 的设计和模块的接口都与 Torch 高度一致。PyTorch 的设计最符合人们的思维,它让用户尽可能地专注于实现自己的想法,即所思即所得,不需要考虑太多关于框架本身的束缚。

PyTorch 提供了完整的文档,循序渐进的指南,作者亲自维护论坛供用户交流和请教问题。Facebook 人工智能研究院对 PyTorch 提供了强有力的支持,作为当今排名前三的深度学习研究机构,FAIR 的支持足以确保 PyTorch 获得持续的开发更新。

在 PyTorch 推出不到一年的时间内,各类深度学习问题都有利用 PyTorch 实现的解决方案在 GitHub 上开源。同时也有许多新发表的论文采用 PyTorch 作为论文实现的工具,PyTorch 正在受到越来越多人的追捧。如果说 TensorFlow 的设计是"Make It Complicated",Keras 的设计是"Make It Complicated And Hide It",那么 PyTorch 的设计则真正做到了"Keep it Simple,Stupid"。

但是同样地,由于推出时间较短,在 GitHub 上并没有如 Caffe 或 TensorFlow 那样多的代码实现,使用 TensorFlow 能找到很多别人的代码,而对于 PyTorch 的使用者,可能需要自己完成很多的代码实现。

第 3 章

机器学习基础知识

3.1 模型评估与模型参数选择

如何评估一些训练好的模型并从中选择最优的模型参数？对于给定的输入 x，若某个模型的输出 $\hat{y}=f(x)$ 偏离真实目标值 y，那么就说明模型存在**误差**；$\hat{y}$ 偏离 y 的程度可以用关于 $\hat{y}$ 和 y 的某个函数 $L(y,\hat{y})$ 来表示，作为误差的度量标准；这样的函数 $L(y,\hat{y})$ 称为损失函数。

在某种损失函数度量下，训练集上的平均误差被称为**训练误差**，测试集上的误差称为**泛化误差**。由于训练得到一个模型最终的目的是为了在未知的数据上得到尽可能准确的结果，因此泛化误差是衡量一个模型泛化能力的重要标准。

之所以不能把训练误差作为模型参数选择的标准，是因为训练集可能存在以下问题。

（1）训练集样本太少，缺乏代表性。

（2）训练集中本身存在错误的样本，即噪声。

如果片面地追求训练误差的最小化，就会导致模型参数复杂度增加，使得模型**过拟合**（Overfitting），如图 3.1 所示。

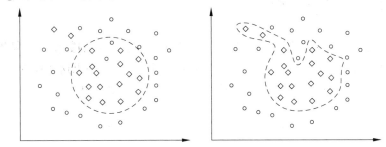

图 3.1 拟合与过拟合

为了选择效果最佳的模型,防止出现过拟合的问题,通常可以采取的方法有:使用验证集调参和对损失函数进行正则化两种方法。

3.1.1　验证

模型不能过拟合于训练集,否则将不能在测试集上得到最优结果;但是否能直接以测试集上的表现来选择模型参数呢?答案是否定的。因为这样的模型参数将会是针对某个特定测试集的,那么得出来的评价标准将会失去其公平性,失去了与其他同类或不同类模型相比较的意义。

这就好比要证明某一个学生学习某门课程的能力比别人强(模型算法的有效性),那么就要让他和其他学生听一样的课、做一样的练习(相同的训练集),然后以这些学生没做过的题目来考核他们(测试集与训练集不能交叉);但是如果直接在测试集上调参,那就相当于让这个学生针对考试题目来复习,这样与其他学生的比较显然是不公平的。

因此参数的选择(即**调参**)必须在一个独立于训练集和测试集的数据集上进行,这样的用于模型调参的数据集被称为**开发集**或**验证集**。

然而很多时候能得到的数据量非常有限。这个时候可以不显式地使用验证集,而是重复使用训练集和测试集,这种方法称为**交叉验证**。常用的交叉验证方法有以下两种。

(1) 简单交叉验证。在训练集上使用不同超参数训练,使用测试集选出最佳的一组超参数设置。

(2) K-重交叉验证(K-fold cross validation)。将数据集划分成 K 等份,每次使用其中一份作为测试集,剩余的为训练集;如此进行 K 次之后,选择最佳的模型。

3.1.2　正则化

为了避免过拟合,需要选择参数复杂度最小的模型。这是因为如果有两个效果相同的模型,而它们的参数复杂度不相同,那么冗余的复杂度一定是由于过拟合导致的。为了选择复杂度较小的模型,一种策略是在优化目标中加入**正则化项**,以惩罚冗余的复杂度:

$$\min_{\theta} L(\boldsymbol{y}, \hat{\boldsymbol{y}}; \boldsymbol{\theta}) + \lambda \cdot J(\boldsymbol{\theta})$$

其中,$\boldsymbol{\theta}$ 为模型参数,$L(\boldsymbol{y}, \hat{\boldsymbol{y}}; \boldsymbol{\theta})$ 为原来的损失函数,$J(\boldsymbol{\theta})$ 是正则化项,λ 用于调整正则化项的权重。正则化项通常为 $\boldsymbol{\theta}$ 的某阶向量范数。

3.2　监督学习与非监督学习

模型与最优化算法的选择,很大程度上取决于能得到什么样的数据。如果数据集中样本点只包含模型的输入 $\boldsymbol{x}$,那么就需要采用非监督学习的算法;如果这些样本点以 $\langle \boldsymbol{x}, \boldsymbol{y} \rangle$ 这样的输入-输出二元组的形式出现,那么就可以采用监督学习的算法。

3.2.1 监督学习

在监督学习中,根据训练集$\{\langle \boldsymbol{x}^{(i)}, \boldsymbol{y}^{(i)} \rangle\}_{i=1}^{N}$中的观测样本点来优化模型$f(\cdot)$,使得给定测试样例$\boldsymbol{x}'$作为模型输入,其输出$\hat{\boldsymbol{y}}$尽可能接近正确输出$\boldsymbol{y}'$。

监督学习算法主要适用于两大类问题:回归和分类。这两类问题的区别在于:回归问题的输出是连续值,而分类问题的输出是离散值。

1. 回归

回归问题在生活中非常常见,其最简单的形式是一个连续函数的拟合。如果一个购物网站想要计算出其在某个时期的预期收益,研究人员会将相关因素如广告投放量、网站流量、优惠力度等纳入自变量,根据现有数据拟合函数,得到在未来某一时刻的预测值。

回归问题中通常使用均方损失函数来作为度量模型效果的指标,最简单的求解例子是最小二乘法。

2. 分类

分类问题也是生活中非常常见的一类问题,例如,需要从金融市场的交易记录中分类出正常的交易记录以及潜在的恶意交易。

度量分类问题的指标通常为**准确率**(Accuracy):对于测试集中的D个样本,有k个被正确分类,$D-k$个被错误分类,则准确率为:

$$\text{Accuracy} = \frac{k}{D}$$

然而在一些特殊的分类问题中,属于各类的样本并不是均一分布,甚至其出现概率相差很多个数量级,这种分类问题称为**不平衡类问题**。在不平衡类问题中,准确率并没有多大意义。例如,检测一批产品是否为次品时,若次品出现的概率为1%,那么即使某个模型完全不能识别次品,只要每次都"蒙"这件产品不是次品,仍然能够达到99%的准确率。显然我们需要一些别的指标。

通常在不平衡类问题中,使用**F-度量**来作为评价模型的指标。以二元不平衡分类问题为例,这种分类问题往往是异常检测,模型的好坏往往取决于能否很好地检出异常,同时尽可能不误报异常。定义占样本少数的类为**正类**(positive class),占样本多数的为**负类**(negative class),那么预测只可能出现以下4种状况。

(1) 将正类样本预测为正类(true positive,TP)。

(2) 将负类样本预测为正类(false positive,FP)。

(3) 将正类样本预测为负类(false negative,FN)。

(4) 将负类样本预测为负类(true negative,TN)。

定义**召回率**(recall):

$$R = \frac{|\text{TP}|}{|\text{TP}| + |\text{FN}|}$$

召回率度量了在所有的正类样本中,模型正确检出的比率,因此也称为**查全率**。

定义**精确率**（precision）：

$$P = \frac{|TP|}{|TP| + |FP|}$$

精确率度量了在所有被模型预测为正类的样本中,正确预测的比率,因此也称为**查准率**。

F-度量则是在召回率与精确率之间去调和平均数;有时候在实际问题上,若更加看重其中某一个度量,还可以给它加上一个权值 α,称为 F_α-度量:

$$F_\alpha = \frac{(1+\alpha^2)RP}{R + \alpha^2 P}$$

特殊地,当 $\alpha = 1$ 时:

$$F_1 = \frac{2RP}{R + P}$$

可以看到,如果模型"不够警觉",没有检测出一些正类样本,那么召回率就会受损;而如果模型倾向于"滥杀无辜",那么精确率就会下降。因此较高的 F-度量意味着模型倾向于"不冤枉一个好人,也不放过一个坏人",是一个较为适合不平衡类问题的指标。

可用于分类问题的模型很多,例如,Logistic 回归分类器、决策树、支持向量机、感知器、神经网络,等等。

3.2.2 非监督学习

在非监督学习中,数据集 $\{x^{(i)}\}_{i=1}^{N}$ 中只有模型的输入,而并不提供正确的输出 $y^{(i)}$ 作为监督信号。

非监督学习通常用于这样的分类问题:给定一些样本的特征值,而不给出它们正确的分类,也不给出所有可能的类别;而是通过学习确定这些样本可以分为哪些类别、它们各自都属于哪一类。这一类问题称为**聚类**。

非监督学习得到的模型的效果应该使用何种指标来衡量呢? 由于通常没有正确的输出 y,可采取一些其他办法来度量其模型效果。

（1）直观检测,这是一种非量化的方法。例如,对文本的主体进行聚类,可以在直观上判断属于同一个类的文本是否具有某个共同的主题,这样的分类是否有明显的语义上的共同点。由于这种评价非常主观,通常不采用。

（2）基于任务的评价。如果聚类得到的模型被用于某个特定的任务,可以维持该任务中其他的设定不变,而使用不同的聚类模型,通过某种指标度量该任务的最终结果来间接判断聚类模型的优劣。

（3）人工标注测试集。有时候采用非监督学习的原因是人工标注成本过高,导致标注数据缺乏,只能使用无标注数据来训练。在这种情况下,可以人工标注少量的数据作为测试集,用于建立量化的评价指标。

第 4 章

PyTorch深度学习基础

在介绍 PyTorch 之前,读者需要先了解 NumPy。NumPy 是用于科学计算的框架,它提供了一个 N 维矩阵对象 ndarray,初始化、计算 ndarray 的函数,以及变换 ndarray 形状,组合拆分 ndarray 的函数。

PyTorch 的 Tensor 和 NumPy 的 ndarray 十分类似,但是 Tensor 具备两个 ndarray 不具备但是对于深度学习来说非常重要的功能,其一是 Tensor 能利用 GPU 计算,GPU 根据芯片性能的不同,在进行矩阵运算时,比 CPU 速度快几十倍;其二是,Tensor 在计算时,能够作为节点自动地加入计算图当中,而计算图可以为其中的每个节点自动地计算微分,也就是说,当使用 Tensor 时,就不需要手动计算微分了。下面首先介绍 Tensor 对象及其运算。

```
1 import torch
2 import numpy as np
```

4.1 Tensor 对象及其运算

Tensor 对象是一个维度任意的矩阵,但是一个 Tensor 中所有元素的数据类型必须一致。torch 包含的数据类型和普遍编程语言的数据类型类似,包含浮点型、有符号整型和无符号整型,这些类型既可以定义在 CPU 上,也可以定义在 GPU 上。在使用 Tensor 数据类型时,可以通过 dtype 属性指定它的数据类型,device 指定它的设备(CPU 或者 GPU)。

```
 1 # torch.tensor
 2 print('torch.Tensor 默认为:{}'.format(torch.Tensor(1).dtype))
 3 print('torch.tensor 默认为:{}'.format(torch.tensor(1).dtype))
 4 # 可以用 list 构建
 5 a = torch.tensor([[1,2],[3,4]], dtype = torch.float64)
 6 # 也可以用 ndarray 构建
 7 b = torch.tensor(np.array([[1,2],[3,4]]), dtype = torch.uint8)
 8 print(a)
 9 print(b)
10
11 # 通过 device 指定设备
12 cuda0 = torch.device('cuda:0')
13 c = torch.ones((2,2), device = cuda0)
14 print(c)
>>> torch.Tensor 默认为:torch.float32
>>> torch.tensor 默认为:torch.int64
>>> tensor([[1., 2.],
            [3., 4.]], dtype = torch.float64)
>>> tensor([[1, 2],
            [3, 4]], dtype = torch.uint8)
>>> tensor([[1., 1.],
            [1., 1.]], device = 'cuda:0')
```

通过 device 指定在 GPU 上定义变量后,可以在终端上通过 nvidia-smi 命令查看显存占用。torch 还支持在 CPU 和 GPU 之间复制变量。

```
1 c = c.to('cpu', torch.double)
2 print(c.device)
3 b = b.to(cuda0, torch.float)
4 print(b.device)
>>> cpu
>>> cpu:0
```

对 Tensor 执行算术运算符的运算时,是两个矩阵对应元素的运算。torch.mm 执行矩阵乘法的计算。

```
1 a = torch.tensor([[1,2],[3,4]])
2 b = torch.tensor([[1,2],[3,4]])
3 c = a * b
4 print("逐元素相乘:", c)
5 c = torch.mm(a, b)
6 print("矩阵乘法:", c)
>>> 逐元素相乘: tensor([[ 1, 4],
      [ 9, 16]])
>>> 矩阵乘法: tensor([[ 7, 10],
      [15, 22]])
```

此外,还有一些具有特定功能的函数,这里列举一部分。torch. clamp 起的是分段函数的作用,可用于去掉矩阵中过小或者过大的元素;torch. round 将小数部分化整;torch. tanh 计算双曲正切函数,该函数将数值映射到(0,1)。

```
1 a = torch.tensor([[1,2],[3,4]])
2 torch.clamp(a, min = 2, max = 3)
>>> tensor([[2, 2],
            [3, 3]])
1 a = torch.tensor([-1.1, 0.5, 0.501, 0.99])
2 torch.round(a)
>>> tensor([-1, 0., 1., 1.])
1 a = torch.Tensor([-3, -2, -1, -0.5, 0, 0.5, 1, 2, 3])
2 torch.tanh(a)
>>> tensor([-0.9951, -0.9640, -0.7616, -0.4621, 0.0000, 0.4621, 0.7616, 0.9640,
            0.9951])
```

除了直接从 ndarray 或 list 类型的数据中创建 Tensor 外,PyTorch 还提供了一些函数可直接创建数据,这类函数往往需要提供矩阵的维度。torch. arange 和 Python 内置的 range 的使用方法基本相同,其第 3 个参数是步长。torch. linspace 第 3 个参数指定返回的个数。torch. ones 返回全 0,torch. zeros 返回全 0 矩阵。

```
1 print(torch.arange(5))
2 print(torch.arange(1,5,2))
3 print(torch.linspace(0,5,10))
>>> tensor([0, 1, 2, 3, 4])
>>> tensor([1, 3])
>>> tensor([0.0000, 0.5556, 1.1111, 1.6667, 2.2222, 2.7778, 3.3333, 3.8889, 4.4444,
            5.0000])
1 print(torch.ones(3,3))
2 print(torch.zeros(3,3))
>>> tensor([[1., 1., 1.],
            [1., 1., 1.],
            [1., 1., 1.]])
>>> tensor([[0., 0., 0.],
            [0., 0., 0.],
            [0., 0., 0.]])
```

torch. rand 返回从[0,1]的均匀分布采样的元素所组成的矩阵,torch. randn 返回从正态分布采样的元素所组成的矩阵。torch. randint 返回指定区间的均匀分布采样的随机整数所组成的矩阵。

```
1 torch.rand(3,3)
>>> tensor([[0.0388, 0.6819, 0.3144],
            [0.7826, 0.0966, 0.4319],
            [0.6758, 0.2630, 0.9727]])
```

```
1 torch.randn(3,3)
>>> tensor([[ - 0.6956, 0.6792, 0.8957],
            [ 0.2271, 0.9885, - 0.7817],
            [ - 0.2658, 1.5465, - 0.2519]])
>>>
1 torch.randint(0, 9, (3,3))
>>> tensor([[5, 2, 7],
            [8, 4, 8],
            [2, 1, 4]])
```

4.2　Tensor 的索引和切片

Tensor 支持基本的索引和切片操作,不仅如此,它还支持 ndarray 中的高级索引(整数索引和布尔索引)操作。

```
1 a = torch.arange(9).view(3,3)
2 #基本索引
3 a[2,2]
>>> tensor(8)
1 #切片
2 a[1:, : -1]
>>> tensor([[3, 4],
            [6, 7]])
1 #带步长的切片(PyTorch现在不支持负步长)
2 a[::2]
>>> tensor([[0, 1, 2],
            [6, 7, 8]])
1 #整数索引
2 rows = [0, 1]
3 cols = [2, 2]
4 a[rows, cols]
>>> tensor([2, 5])
1 #布尔索引
2 index = a>4
3 print(index)
4 print(a[index])
>>> tensor([[0, 0, 0],
            [0, 0, 1],
            [1, 1, 1]], dtype = torch.uint8)
>>> tensor([5, 6, 7, 8])
torch.nonzero 用于返回非零值的索引矩阵.
1 a = torch.arange(9).view(3, 3)
2 index = torch.nonzero(a >= 8)
3 print(index)
>>> tensor([[2, 2]])
1 a = torch.randint(0, 2, (3,3))
```

```
2 print(a)
3 index = torch.nonzero(a)
4 print(index)
>>> tensor([[0, 0, 1],
            [0, 0, 1],
            [1, 1, 0]])
>>> tensor([[0, 2],
            [1, 2],
            [2, 0],
            [2, 1]])
```

torch.where(condition，*x*，*y*)判断 condition 的条件是否满足，当某个元素满足时，则返回对应矩阵 *x* 相同位置的元素，否则返回矩阵 *y* 的元素。

```
1 x = torch.randn(3, 2)
2 y = torch.ones(3, 2)
3 print(x)
4 print(torch.where(x > 0, x, y))
>>> tensor([[ 0.0914, - 0.8913],
            [ - 0.0046, 0.0617],
            [ 1.0744, - 1.2068]])
>>> tensor([[0.0914, 1.0000],
            [1.0000, 0.0617],
            [1.0744, 1.0000]])
```

4.3 Tensor 的变换、拼接和拆分

PyTorch 提供了大量的对 Tensor 进行操作的函数或方法，这些函数内部使用指针实现对矩阵的形状变换、拼接、拆分等操作，使得人们无须关心 Tensor 在内存中的物理结构或者管理指针就可以方便且快速地执行这些操作。Tensor.nelement()，Tensor.ndimension()，ndimension.size()可分别用来查看矩阵元素的个数，轴的个数以及维度，属性 Tensor.shape 也可以用来查看 Tensor 的维度。

```
1 a = torch.rand(1,2,3,4,5)
2 print("元素个数", a.nelement())
3 print("轴的个数", a.ndimension())
4 print("矩阵维度", a.size(), a.shape)
>>> 元素个数 120
>>> 轴的个数 5
>>> 矩阵维度 torch.Size([1, 2, 3, 4, 5]) torch.Size([1, 2, 3, 4, 5])
```

在 PyTorch 中，Tensor.reshape 和 Tensor.view 都能被用来更改 Tensor 的维度。它们的区别在于，Tensor.view 要求 Tensor 的物理存储必须是连续的，否则将报错，而 Tensor.reshape 则没有这种要求。但是，Tensor.view 返回的一定是一个索引，更改返回

值,则原始值同样被更改,Tensor. reshape 返回的是引用还是复制是不确定的。它们的相同之处是都接收要输出的维度作为参数,且输出的矩阵元素个数不能改变,可以在维度中输入-1,PyTorch 会自动推断它的数值。

```
1 b = a.view(2 * 3,4 * 5)
2 print(b.shape)
3 c = a.reshape(-1)
4 print(c.shape)
5 d = a.reshape(2 * 3, -1)
6 print(d.shape)
>>> torch.Size([6, 20])
>>> torch.Size([120])
>>> torch.Size([6, 20])
```

torch. squeeze 和 torch. unsqueeze 用来给 Tensor 去掉和添加轴。torch. squeeze 去掉维度为 1 的轴,而 torch. unsqueeze 用于给 Tensor 的指定位置添加一个维度为 1 的轴。

```
1 b = torch.squeeze(a)
2 b.shape
>>> torch.Size([2, 3, 4, 5])
1 torch.unsqueeze(b, 0).shape
```

torch. t 和 torch. transpose 用于转置 2 维矩阵。这两个函数只接收 2 维 Tensor,torch. t 是 torch. transpose 的简化版。

```
1 a = torch.tensor([[2]])
2 b = torch.tensor([[2, 3]])
3 print(torch.transpose(a, 1, 0,))
4 print(torch.t(a))
5 print(torch.transpose(b, 1, 0,))
6 print(torch.t(b))
>>> tensor([[2]])
>>> tensor([[2]])
>>> tensor([[2],
            [3]])
>>> tensor([[2],
            [3]])
```

对于高维度 Tensor,可以使用 permute()方法来变换维度。

```
1 a = torch.rand((1, 224, 224, 3))
2 print(a.shape)
3 b = a.permute(0, 3, 1, 2)
4 print(b.shape)
>>> torch.Size([1, 224, 224, 3])
>>> torch.Size([1, 3, 224, 224])
```

PyTorch 提供了 torch. cat 和 torch. stack 用于**拼接**矩阵,不同的是,torch. cat 在已有的轴 dim 上拼接矩阵,给定轴的维度可以不同,而其他轴的维度必须相同。torch. stack 在新的轴上拼接,它要求被拼接的矩阵所有维度都相同。下面的例子可以很清楚地表明它们的使用方式和区别。

```
1 a = torch. randn(2, 3)
2 b = torch. randn(3, 3)
3
4 # 默认维度为 dim = 0
5 c = torch. cat((a, b))
6 d = torch. cat((b, b, b), dim = 1)
7
8 print(c. shape)
9 print(d. shape)
>>> torch. Size([5, 3])
>>> torch. Size([3, 9])
1 c = torch. stack((b, b), dim = 1)
2 d = torch. stack((b, b), dim = 0)
3 print(c. shape)
4 print(d. shape)
>>> torch. Size([3, 2, 3])
>>> torch. Size([2, 3, 3])
```

除了拼接矩阵,PyTorch 还提供了 torch. split 和 torch. chunk 用于**拆分**矩阵。它们的不同之处在于,torch. split 传入的是拆分后每个矩阵的大小,可以传入 list,也可以传入整数,而 torch. chunk 传入的是拆分的矩阵个数。

```
1 a = torch. randn(10, 3)
2 for x in torch. split(a, [1,2,3,4], dim = 0):
3     print(x. shape)
>>> torch. Size([1, 3])
>>> torch. Size([2, 3])
>>> torch. Size([3, 3])
>>> torch. Size([4, 3])
1 for x in torch. split(a, 4, dim = 0):
2     print(x. shape)
>>> torch. Size([4, 3])
>>> torch. Size([4, 3])
>>> torch. Size([2, 3])
1 for x in torch. chunk(a, 4, dim = 0):
2     print(x. shape)
>>> torch. Size([3, 3])
>>> torch. Size([3, 3])
>>> torch. Size([3, 3])
>>> torch. Size([1, 3])
```

4.4　PyTorch 的 Reduction 操作

Reduction 运算的特点是它往往对一个 Tensor 内的元素做归约操作，比如 torch. max 找极大值，torch. cumsum 计算累加，它还提供了 dim 参数来指定沿矩阵的哪个维度执行操作。

```
1 #默认求取全局最大值
2 a = torch.tensor([[1,2],[3,4]])
3 print("全局最大值: ", torch.max(a))
4 #指定维度dim后,返回最大值及其索引
5 torch.max(a, dim = 0)
>>> 全局最大值: tensor(4)
>>> (tensor([3, 4]), tensor([1, 1]))
1 a = torch.tensor([[1,2],[3,4]])
2 print("沿着横轴计算每一列的累加: ")
3 print(torch.cumsum(a, dim = 0))
4 print("沿着纵轴计算每一行的累乘: ")
5 print(torch.cumprod(a, dim = 1))
>>> 沿着横轴计算每一列的累加:
>>> tensor([[1, 2],
            [4, 6]])
>>> 沿着纵轴计算每一行的累乘:
>>> tensor([[ 1, 2],
            [ 3, 12]])
1 #计算矩阵的均值,中值,协方差
2 a = torch.Tensor([[1,2],[3,4]])
3 a.mean(), a.median(), a.std()
>>> (tensor(2.5000), tensor(2.), tensor(1.2910))
1 #torch.unique用来找出矩阵中出现了哪些元素
2 a = torch.randint(0, 3, (3, 3))
3 print(a)
4 print(torch.unique(a))
>>> tensor([[0, 0, 0],
            [2, 0, 2],
            [0, 0, 1]])
>>> tensor([1, 2, 0])
```

4.5　PyTorch 的自动微分

将 Tensor 的 requires_grad 属性设置为 True 时，PyTorch 的 torch. autograd 会自动地追踪它的计算轨迹，当需要计算微分的时候，只需要对最终计算结果的 Tensor 调用 backward 方法，中间所有计算节点的微分就会被保存在 grad 属性中了。

```
1 x = torch.arange(9).view(3,3)
2 x.requires_grad
>>> False
1 x = torch.rand(3, 3, requires_grad = True)
2 print(x)
>>> tensor([[0.0018, 0.3481, 0.6948],
           [0.4811, 0.8106, 0.5855],
           [0.4229, 0.7706, 0.4321]], requires_grad = True)
1 w = torch.ones(3, 3, requires_grad = True)
2 y = torch.sum(torch.mm(w, x))
3 y
>>> tensor(13.6424, grad_fn = < SumBackward0 >)
1 y.backward()
2 print(y.grad)
3 print(x.grad)
4 print(w.grad)
>> None
>>> tensor([[3., 3., 3.],
           [3., 3., 3.],
           [3., 3., 3.]])
>>> tensor([[1.1877, 0.9406, 1.6424],
           [1.1877, 0.9406, 1.6424],
           [1.1877, 0.9406, 1.6424]])
# Tensor.detach 会将 Tensor 从计算图中剥离出去,不再计算它的微分
1 x = torch.rand(3, 3, requires_grad = True)
2 w = torch.ones(3, 3, requires_grad = True)
3 print(x)
4 print(w)
5 yy = torch.mm(w, x)
6
7 detached_yy = yy.detach()
8 y = torch.mean(yy)
9 y.backward()
10
11 print(yy.grad)

12 print(detached_yy)
13 print(w.grad)
14 print(x.grad)
>>> tensor([[0.3030, 0.6487, 0.6878],
           [0.4371, 0.9960, 0.6529],
           [0.4750, 0.4995, 0.7988]], requires_grad = True)
>>> tensor([[1., 1., 1.],
           [1., 1., 1.],
           [1., 1., 1.]], requires_grad = True)
```

```
>>> None
>>> tensor([[1.2151, 2.1442, 2.1395],
            [1.2151, 2.1442, 2.1395],
            [1.2151, 2.1442, 2.1395]])
>>> tensor([[0.1822, 0.2318, 0.1970],
            [0.1822, 0.2318, 0.1970],
            [0.1822, 0.2318, 0.1970]])
>>> tensor([[0.3333, 0.3333, 0.3333],
            [0.3333, 0.3333, 0.3333],
            [0.3333, 0.3333, 0.3333]])
# with torch.no_grad():包括的代码段不会计算微分
1 y = torch.sum(torch.mm(w, x))
2 print(y.requires_grad)
3
4 with torch.no_grad():
5   y = torch.sum(torch.mm(w, x))
6   print(y.requires_grad)
>>> True
>>> False
```

第 5 章

Logistic回归

回归是指这样一类问题：通过统计分析一组随机变量 $x_1, x_2, \cdots, x_n$ 与另一组随机变量 $y_1, y_2, \cdots, y_n$ 之间的关系，得到一个可靠的模型，使得对于给定的 $\boldsymbol{x} = \{x_1, x_2, \cdots, x_n\}$，可以利用这个模型对 $\boldsymbol{y} = \{y_1, y_2, \cdots, y_n\}$ 进行预测。在这里，随机变量 $x_1, x_2, \cdots, x_n$ 被称为自变量，随机变量 $y_1, y_2, \cdots, y_n$ 被称为因变量。例如，在预测房价时，研究员们会选取可能对房价有影响的因素，例如房屋面积、房屋楼层、房屋地点等作为自变量加入预测模型。研究的任务即建立一个有效的模型，能够准确表示出上述因素与房价之间的关系。

不失一般性，在本章讨论回归问题的时候，总是假设因变量只有一个。这是因为假设各因变量之间是相互独立的，因而多个因变量的问题可以分解成多个回归问题加以解决。在实际求解中，只需要使用比本章推导公式中的参数张量更高一阶的参数张量即可以很容易推广到多因变量的情况。

形式化地，在回归中有一些数据样本 $\{\langle \boldsymbol{x}^{(n)}, y^{(n)} \rangle\}_{n=1}^{N}$，通过对这些样本进行统计分析，获得一个预测模型 $f(\cdot)$，使得对于测试数据 $\boldsymbol{x} = \{x_1, x_2, \cdots, x_n\}$，可以得到一个较好的预测值：

$$y = f(\boldsymbol{x})$$

回归问题在形式上与分类问题十分相似，但是在分类问题中预测值 y 是一个离散变量，它代表着通过特征 $\boldsymbol{x}$ 所预测出来的类别；而在回归问题中，y 是一个连续变量。

在本章中，先介绍线性回归模型，然后推广到广义的线性模型，并以 Logistic 回归为例分析广义线性回归模型。

5.1 线性回归

线性回归模型是指 $f(\cdot)$ 采用线性组合形式的回归模型,在线性回归问题中,因变量和自变量之间是线性关系的。对于第 i 个因变量 x_i,乘以权重系数 w_i,取 y 为因变量的线性组合:

$$y = f(\boldsymbol{x}) = w_1 x_1 + \cdots + w_n x_n + b$$

其中,b 为常数项。若令 $\boldsymbol{w} = (w_1, w_2, \cdots, w_n)$,则上式可以写成向量形式:

$$y = f(\boldsymbol{x}) = \boldsymbol{w}^{\mathrm{T}} \boldsymbol{x} + b$$

可以看到 $\boldsymbol{w}$ 和 b 决定了回归模型 $f(\cdot)$ 的行为。由数据样本得到 $\boldsymbol{w}$ 和 b 有许多方法,例如最小二乘法、梯度下降法。这里介绍最小二乘法求解线性回归中参数估计的问题。

直觉上,我们希望找到这样的 $\boldsymbol{w}$ 和 b,使得对于训练数据中每个样本点 $\langle \boldsymbol{x}^{(n)}, y^{(n)} \rangle$,预测值 $f(\boldsymbol{x}^{(n)})$ 与真实值 $y^{(n)}$ 尽可能接近。于是需要定义一种"接近"程度的度量,即误差函数。这里采用平均平方误差(mean square error)作为误差函数:

$$E = \sum_n [y^{(n)} - (\boldsymbol{w}^{\mathrm{T}} \boldsymbol{x}^{(n)} + b)]^2$$

为什么要选择这样一个误差函数呢?这是因为做出了这样的假设:给定 $\boldsymbol{x}$,则 y 的分布服从如下高斯分布(如图 5.1 所示):

$$p(y \mid \boldsymbol{x}) \sim N(\boldsymbol{w}^{\mathrm{T}} \boldsymbol{x} + b, \sigma^2)$$

直观上,这意味着在自变量 $\boldsymbol{x}$ 取某个确定值的时候,数据样本点以回归模型预测的因变量 y 为中心、以 σ^2 为方差呈高斯分布。

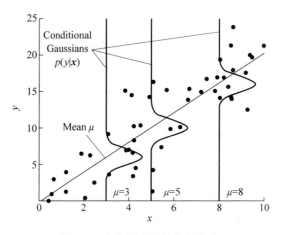

图 5.1 条件概率服从高斯分布

基于高斯分布的假设,得到条件概率 $p(y \mid \boldsymbol{x})$ 的对数似然函数:

$$\boldsymbol{L}(\boldsymbol{w}, b) = \log \left(\prod_n \exp \left(-\frac{1}{2\sigma^2} (y^{(n)} - \boldsymbol{w}^{\mathrm{T}} \boldsymbol{x}^{(n)} - b)^2 \right) \right)$$

即:

$$L(\boldsymbol{w},b) = -\frac{1}{2\sigma^2} \sum_n (y^{(n)} - \boldsymbol{w}^\top \boldsymbol{x}^{(n)} - b)^2$$

做极大似然估计：

$$\boldsymbol{w},b = \underset{\boldsymbol{w},b}{\mathrm{argmax}}\, \boldsymbol{L}(\boldsymbol{w},b)$$

由于对数似然函数中 σ 为常数，极大似然估计可以转换为：

$$\boldsymbol{w},b = \underset{\boldsymbol{w},b}{\mathrm{argmin}} \sum_n (y^{(n)} - \boldsymbol{w}^\top \boldsymbol{x}^{(n)} - b)^2$$

这就是选择平方平均误差函数作为误差函数的概率解释。

我们的目标就是要最小化这样一个误差函数 E，具体做法可以令 E 对于参数 $\boldsymbol{w}$ 和 b 的偏导数为 0。由于我们的问题变成了最小化平均平方误差，因此习惯上这种通过解析方法直接求解参数的做法被称为最小二乘法。

为了方便矩阵运算，将 $\boldsymbol{E}$ 表示成向量形式。令

$$\boldsymbol{Y} = \begin{bmatrix} y^{(1)} \\ y^{(2)} \\ \vdots \\ y^{(n)} \end{bmatrix}$$

$$\boldsymbol{X} = \begin{bmatrix} \boldsymbol{x}^{(1)} \\ \boldsymbol{x}^{(2)} \\ \vdots \\ \boldsymbol{x}^{(n)} \end{bmatrix} = \begin{bmatrix} x_1^{(1)} & \cdots & x_m^{(1)} \\ x_1^{(2)} & \cdots & x_m^{(2)} \\ & \vdots & \\ x_1^{(n)} & \cdots & x_m^{(n)} \end{bmatrix}$$

$$\boldsymbol{b} = \begin{bmatrix} b_1 \\ b_2 \\ \vdots \\ b_n \end{bmatrix}, \quad b_1 = b_2 = \cdots = b_n$$

则 $\boldsymbol{E}$ 可表示为：

$$\boldsymbol{E} = (\boldsymbol{Y} - \boldsymbol{X}\boldsymbol{w}^\top - \boldsymbol{b})^\top (\boldsymbol{Y} - \boldsymbol{X}\boldsymbol{w}^\top - \boldsymbol{b})$$

由于 $\boldsymbol{b}$ 的表示较为烦琐，不妨更改一下 $\boldsymbol{w}$ 的表示，将 b 视为常数 1 的权重，令：

$$\boldsymbol{w} = (w_1, w_2, \cdots, w_n, b)$$

相应地，对 $\boldsymbol{X}$ 做如下更改：

$$\boldsymbol{X} = \begin{bmatrix} \boldsymbol{x}^{(1)};1 \\ \boldsymbol{x}^{(2)};1 \\ \vdots \\ \boldsymbol{x}^{(n)};1 \end{bmatrix} = \begin{bmatrix} x_1^{(1)} & \cdots & x_m^{(1)} & 1 \\ x_1^{(2)} & \cdots & x_m^{(2)} & 1 \\ & \vdots & & \\ x_1^{(n)} & \cdots & x_m^{(n)} & 1 \end{bmatrix}$$

则 $\boldsymbol{E}$ 可表示为：

$$\boldsymbol{E} = (\boldsymbol{Y} - \boldsymbol{X}\boldsymbol{w}^\top)^\top (\boldsymbol{Y} - \boldsymbol{X}\boldsymbol{w}^\top)$$

对误差函数 E 求参数 $\boldsymbol{w}$ 的偏导数，得到：

$$\frac{\partial E}{\partial \boldsymbol{w}} = 2\boldsymbol{X}^\top (\boldsymbol{X}\boldsymbol{w}^\top - \boldsymbol{Y})$$

令偏导为 0,得到:

$$w = (X^{\mathrm{T}}X)^{-1}X^{\mathrm{T}}Y$$

因此对于测试向量 x,根据线性回归模型预测的结果为:

$$y = x((X^{\mathrm{T}}X)^{-1}X^{\mathrm{T}}Y)^{\mathrm{T}}$$

5.2 Logistic 回归

在 5.1 节中,假设随机变量 $x_1, x_2, \cdots, x_n$ 与 y 之间的关系是线性的。但在实际中,通常会遇到非线性关系。这个时候,可以使用一个非线性变换 $g(\cdot)$,使得线性回归模型 $f(\cdot)$ 实际上对 $g(y)$ 而非 y 进行拟合,即:

$$y = g^{-1}(f(x))$$

其中,$f(\cdot)$ 仍为:

$$f(x) = w^{\mathrm{T}}x + b$$

因此这样的回归模型称为广义线性回归模型。

广义线性回归模型使用非常广泛。例如,在二元分类任务中,目标是拟合这样一个分离超平面 $f(x) = w^{\mathrm{T}}x + b$,使得目标分类 y 可表示为以下阶跃函数:

$$y = \begin{cases} 0, & f(x) < 0 \\ 1, & f(x) > 0 \end{cases}$$

但是在分类问题中,由于 y 取离散值,这个阶跃判别函数是不可导的。不可导的性质使得许多数学方法不能使用。我们考虑使用一个函数 $\sigma(\cdot)$ 来近似这个离散的阶跃函数,通常可以使用 logistic() 函数或 tanh() 函数。

这里就 logistic() 函数(如图 5.2 所示)的情况进行讨论。令

$$\sigma(x) = \frac{1}{1 + \exp(-x)}$$

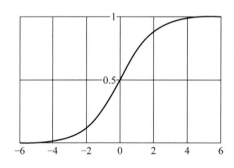

图 5.2 logistic() 函数

使用 logistic() 函数替代阶跃函数:

$$\sigma(f(x)) = \frac{1}{1 + \exp(-w^{\mathrm{T}}x - b)}$$

并定义条件概率:

$$p(y=1 \mid \boldsymbol{x}) = \sigma(f(\boldsymbol{x}))$$
$$p(y=0 \mid \boldsymbol{x}) = 1 - \sigma(f(\boldsymbol{x}))$$

这样就可以把离散取值的分类问题近似地表示为连续取值的回归问题；这样的回归模型称为 Logistic 回归模型。

在 logistic( ) 函数中,$g^{-1}(x) = \sigma(x)$,若将 $g(\cdot)$ 还原为 $g(y) = \log\dfrac{y}{1-y}$ 的形式并移到等式一侧,得到:

$$\log \frac{p(y=1 \mid \boldsymbol{x})}{p(y=0 \mid \boldsymbol{x})} = \boldsymbol{w}^{\mathrm{T}}\boldsymbol{x} + b$$

为了求得 Logistic 回归模型中的参数 $\boldsymbol{w}$ 和 b,下面对条件概率 $p(y \mid \boldsymbol{x};\boldsymbol{w},b)$ 做极大似然估计。

$p(y \mid \boldsymbol{x};\boldsymbol{w},b)$ 的对数似然函数为:

$$\boldsymbol{L}(\boldsymbol{w},b) = \log\Big(\prod_n \big[\sigma(f(\boldsymbol{x}^{(n)}))\big]^{y^{(n)}} \big[1 - \sigma(f(\boldsymbol{x}^{(n)}))\big]^{1-y^{(n)}}\Big)$$

即:

$$\boldsymbol{L}(\boldsymbol{w},b) = \sum_n \big[y^{(n)}\log(\sigma(f(\boldsymbol{x}^{(n)}))) + (1-y^{(n)})\log(1 - \sigma(f(\boldsymbol{x}^{(n)})))\big]$$

这就是常用的交叉熵误差函数的二元形式。

似然函数 $\boldsymbol{L}(\boldsymbol{w},b)$ 的最大化问题直接求解比较困难,可以采用数值方法。常用的方法有牛顿迭代法、梯度下降法等。

5.3 用 PyTorch 实现 Logistic 回归

```
import torch
from torch import nn
from matplotlib import pyplot as plt
% matplotlib inline
```

5.3.1 数据准备

Logistic 回归常用于解决二分类问题,为了便于描述,我们从分别从两个多元高斯分布 $\mathcal{N}_1(\mu_1,\Sigma_1)$、$\mathcal{N}_2(\mu_2,\Sigma_2)$ 中生成数据 X_1 和 X_2,这两个多元高斯分布分别表示两个类别,分别设置其标签为 y_1 和 y_2。

PyTorch 的 torch. distributions 提供了 MultivariateNormal 构建多元高斯分布。下面第 5~8 行设置两组不同的均值向量和协方差矩阵,$\boldsymbol{\mu}_1$ 和 $\boldsymbol{\mu}_2$ 是 2 维均值向量,$\boldsymbol{\Sigma}_1$ 和 $\boldsymbol{\Sigma}_2$ 是 2×2 维的协方差矩阵。在第 11~12 行,前面定义的均值向量和协方差矩阵作为参数传入 MultivariateNormal,就实例化了两个二元高斯分布 m_1 和 m_2。第 13~14 行调用 m_1 和 m_2 的 sample( ) 方法分别生成 100 个样本。

第 17~18 行设置样本对应的标签 y,分别用 0 和 1 表示不同高斯分布的数据,也就是正样本和负样本。第21行使用cat函数将x_1和x_2组合在一起。第22～24行打乱样本和标签的顺序,将数据重新随机排列是十分重要的步骤,否则算法的每次迭代只会学习到同一个类别的信息,容易造成模型过拟合。

```
1 import numpy as np
2 from torch.distributions import MultivariateNormal
3
4 #设置两个高斯分布的均值向量和协方差矩阵
5 mu1 = -3 * torch.ones(2)
6 mu2 = 3 * torch.ones(2)
7 sigma1 = torch.eye(2) * 0.5
8 sigma2 = torch.eye(2) * 2
9
10 #从两个多元高斯分布中生成100个样本
11 m1 = MultivariateNormal(mu1, sigma1)
12 m2 = MultivariateNormal(mu2, sigma2)
13 x1 = m1.sample((100,))
14 x2 = m2.sample((100,))
15
16 #设置正负样本的标签
17 y = torch.zeros((200, 1))
18 y[100:] = 1
19
20 #组合、打乱样本
21 x = torch.cat([x1, x2], dim = 0)
22 idx = np.random.permutation(len(x))
23 x = x[idx]
24 y = y[idx]
25
26 #绘制样本
27 plt.scatter(x1.numpy()[:,0], x1.numpy()[:,1])
28 plt.scatter(x2.numpy()[:,0], x2.numpy()[:,1])
```

上述代码的第27～28行将生成的样本用plt.scatter绘制出来,绘制的结果如图5.3

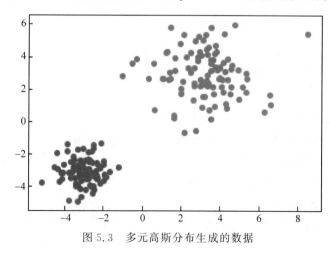

图5.3 多元高斯分布生成的数据

所示，可以很明显地看出多元高斯分布生成的样本聚成了两个簇，并且簇的中心分别处于不同的位置（多元高斯分布的均值向量决定了其位置），右上方簇的样本分布更加稀疏，而左下方簇的样本分布紧凑（多元高斯分布的协方差矩阵决定了分布形状）。读者可自行调整代码中第5~6行的参数，观察其变化。

5.3.2 线性方程

Logistic 回归用输入变量 X 的线性函数表示样本为正类的对数概率。torch.nn 中的 Linear 实现了 $y = x\boldsymbol{A}^\mathrm{T} + b$，可以直接调用它来实现 Logistic 回归的线性部分。

```
1 D_in, D_out = 2, 1
2 linear = nn.Linear(D_in, D_out, bias = True)
3 output = linear(x)
4
5 print(x.shape, linear.weight.shape, linear.bias.shape, output.shape)
6
7 def my_linear(x, w, b):
8   return torch.mm(x, w.t()) + b
9
10 torch.sum((output - my_linear(x, linear.weight, linear.bias)))
>>> torch.Size([200, 2]) torch.Size([1, 2]) torch.Size([1]) torch.Size([200, 1])
```

上面代码的第1行定义了线性模型的输入维度 D_in 和输出维度 D_out，因为前面定义的2维高斯分布 m_1 和 m_2 产生的变量是2维的，所以线性模型的输入维度应该定义为 D_in=2，而 Logistic 回归是二分类模型，预测的是变量为正类的概率，所以输出的维度应该为 D_in=1。第2~3行实例化了 nn.Linear，将线性模型应用到数据 x 上，得到计算结果 output。

Linear 的初始参数是随机设置的，可以调用 Linear.weight 和 Linear.bias 获取线性模型的参数，第5行打印了输入变量 x，模型参数 weight 和 bias，计算结果 output 的维度。第7~8行定义了自己实现的线性模型 my_linear，第10行将 my_linear 的计算结果和 PyTorch 的计算结果 output 做比较，可以发现其结果一致。

5.3.3 激活函数

前文介绍了 torch.nn.Linear 可用于实现线性模型，除此之外，它还提供了机器学习当中常用的激活函数，Logistic 回归用于二分类问题时，使用 sigmoid() 函数将线性模型的计算结果映射到0~1，得到的计算结果作为样本为正类的置信概率。torch.nn.Sigmoid() 提供了这一函数的计算，在使用时，将 Sigmoid 类实例化，再将需要计算的变量作为参数传递给实例化的对象。

```
1 sigmoid = nn.Sigmoid()
2 scores = sigmoid(output)
3
```

```
4 def my_sigmoid(x):
5     x = 1 / (1 + torch.exp(-x))
6     return x
7
8 torch.sum(sigmoid(output) - sigmoid_(output))
>>> tensor(1.1190e-08, grad_fn=<SumBackward0>)
```

作为练习,第 4～6 行手工实现 sigmoid()函数,第 8 行通过 PyTorch 验证实现结果,
其结果一致。

5.3.4 损失函数

Logistic 回归使用交叉熵作为损失函数。PyTorch 的 torch.nn 提供了许多标准的损
失函数,可以直接使用 torch.nn.BCELoss 计算二值交叉熵损失。下面代码中第 1～2 行
调用了 BCELoss 来计算我们实现的 Logistic 回归模型的输出结果 sigmoid(output)和数
据的标签 y,同样地,在 4～6 行自定义了二值交叉熵函数,在第 8 行将 my_loss 和
PyTorch 的 BCELoss 做比较,发现结果无差。

```
1 loss = nn.BCELoss()
2 loss(sigmoid(output), y)
3
4 def my_loss(x, y):
5     loss = - torch.mean(torch.log(x) * y + torch.log(1 - x) * (1 - y))
6     return loss
7
8 loss(sigmoid(output), y) - my_loss(sigmoid_(output), y)
>>> tensor(5.9605e-08, grad_fn=<SubBackward0>)
```

在前面的代码中,使用了 torch.nn 包中的线性模型 nn.Linear,激活函数
nn.Softmax(),损失函数 nn.BCELoss(),它们都继承于 nn.Module 类。在 PyTorch 中,
通过继承 nn.Module 来构建自己的模型。接下来用 nn.Module 来实现 logistic regression。

```
1 import torch.nn as nn
2
3 class LogisticRegression(nn.Module):
4     def __init__(self, D_in):
5         super(LogisticRegression, self).__init__()
6         self.linear = nn.Linear(D_in, 1)
7         self.sigmoid = nn.Sigmoid()
8     def forward(self, x):
9         x = self.linear(x)
10        output = self.sigmoid(x)
11        return output
12
13 lr_model = LogisticRegression(2)
```

```
14 loss = nn.BCELoss()
15 loss(lr_model(x), y)
>>> tensor(0.8890, grad_fn = < BinaryCrossEntropyBackward >)
```

通过继承 nn.Module 实现自己的模型时,forward()方法是必须被子类复写的,在 forward()内部应当定义每次调用模型时执行的计算。从前面的应用中可以看出, nn.Module 类的主要作用就是接收 Tensor 然后计算并返回结果。

在一个 Module 中,还可以嵌套其他的 Module,被嵌套的 Module 的属性就可以被自动获取,比如可以调用 nn.Module.parameters()方法获取 Module 所有保留的参数,调用 nn.Module.to()方法将模型的参数放置到 GPU 上等。

```
1 class MyModel(nn.Module):
2    def __init__(self):
3        super(MyModel, self).__init__()
4        self.linear1 = nn.Linear(1, 1, bias = False)
5        self.linear2 = nn.Linear(1, 1, bias = False)
6    def forward(self):
7        pass
8
9 for param in MyModel().parameters():
10    print(param)
>>> Parameter containing:
    tensor([[0.3908]], requires_grad = True)
    Parameter containing:
    tensor([[ - 0.8967]], requires_grad = True)
```

5.3.5 优化算法

Logistic 回归通常采用梯度下降法优化目标函数。PyTorch 的 torch.optim 包实现了大多数常用的优化算法,使用起来非常简单。首先构建一个优化器,在构建时,首先需要将待学习的参数传入,然后传入优化器需要的参数,比如学习率。

```
1 from torch import optim
2
3 optimizer = optim.SGD(lr_model.parameters(), lr = 0.03)
```

构建完优化器,就可以迭代地对模型进行训练。有两个步骤,其一是调用损失函数的 backward()方法计算模型的梯度,然后再调用优化器的 step()方法更新模型的参数。需要注意的是,首先应当调用优化器的 zero_grad()方法清空参数的梯度。

```
1 batch_size = 10
2 iters = 10
3 #for input, target in dataset:
4 for _ in range(iters):
```

```
5      for i in range(int(len(x)/batch_size)):
6          input = x[i * batch_size:(i + 1) * batch_size]
7          target = y[i * batch_size:(i + 1) * batch_size]
8          optimizer.zero_grad()
9          output = lr_model(input)
10         l = loss(output, target)
11         l.backward()
12         optimizer.step()
>>> 模型准确率为: 1.0
```

5.3.6 模型可视化

Logistic 回归模型的判决边界在高维空间是一个超平面,而我们的数据集是 2 维的,所以判决边界只是平面内的一条直线,在线的一侧被预测为正类,另一侧则被预测为负类。下面实现了 draw_decision_boundary()函数,它接收线性模型的参数 w 和 b,以及数据集 x,绘制判决边界的方法十分简单,如第 10 行,只需要计算一些数据在线性模型的映射值,即 $x_1 = (-b - w_0 x_0)/w_1$,然后调用 plt.plot 绘制线条即可。绘制的结果如图 5.4 所示。

```
1 pred_neg = (output <= 0.5).view(-1)
2 pred_pos = (output > 0.5).view(-1)
3 plt.scatter(x[pred_neg, 0], x[pred_neg, 1])
4 plt.scatter(x[pred_pos, 0], x[pred_pos, 1])
5
6 w = lr_model.linear.weight[0]
7 b = lr_model.linear.bias[0]
8
9 def draw_decision_boundary(w, b, x0):
10     x1 = (-b - w[0] * x0) / w[1]
11     plt.plot(x0.detach().numpy(), x1.detach().numpy(), 'r')
12
13 draw_decision_boundary(w, b, torch.linspace(x.min(), x.max(), 50))
```

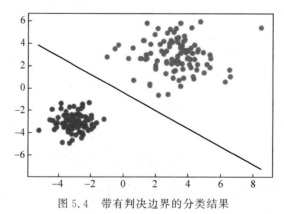

图 5.4 带有判决边界的分类结果

第 **6** 章

神经网络基础

人工智能的研究者为了模拟人类的认知（cognition），提出了不同的模型。人工神经网络（Artificial Neural Network，ANN）是人工智能中非常重要的一个学派——连接主义（connectionism）最为广泛使用的模型。

在传统上，基于规则的符号主义（symbolism）学派认为，人类的认知是基于信息中的模式；而这些模式可以被表示成为符号，并可以通过操作这些符号，显式地使用逻辑规则进行计算与推理。但是要用数理逻辑模拟人类的认知能力却是一件困难的事情，因为人类大脑是一个非常复杂的系统，拥有着大规模并行式、分布式的表示与计算能力、学习能力、抽象能力和适应能力。

而基于统计的连接主义的模型则从脑神经科学中获得启发，试图将认知所需的功能属性结合到模型中来，通过模拟生物神经网络的信息处理方式来构建具有认知功能的模型。类似于生物神经元与神经网络，这类模型具有以下三个特点。

(1) 拥有处理信号的基础单元。

(2) 处理单元之间以并行方式连接。

(3) 处理单元之间的连接是有权重的。

这一类模型被称为人工神经网络，多层感知机是最为简单的一种。

6.1 基础概念

神经元：神经元（如图 6.1 所示）是基本的信息操作和处理单位。它接受一组输入，将这组输入加权求和后，由激活函数来计算该神经元的输出。

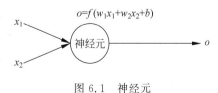

图 6.1 神经元

输入：一个神经元可以接受一组张量作为输入 $x = \{x_1, x_2, \cdots, x_n\}^{\mathrm{T}}$。

连接权值：连接权值向量为一组张量 $W = \{w_1, w_2, \cdots, w_n\}$，其中，$w_i$ 对应输入 x_i 的连接权值；神经元将输入进行加权求和：

$$\mathrm{sum} = \sum_i w_i x_i$$

写成向量形式：

$$\mathrm{sum} = Wx$$

偏置：有时候加权求和时会加上一项常数项 b 作为偏置；其中，张量 b 的形状要与 Wx 的形状保持一致。

$$\mathrm{sum} = Wx + b$$

激活函数：激活函数 $f(\cdot)$ 被施加到输入加权和 sum 上，产生神经元的输出；这里，若 sum 为大于 1 阶的张量，则 $f(\cdot)$ 被施加到 sum 的每一个元素上。

$$o = f(\mathrm{sum})$$

常用的激活函数有以下几个。

（1）softmax()（如图 6.2 所示）：适用于多元分类问题，作用是将分别代表 n 个类的 n 个标量归一化，得到这 n 个类的概率分布。

$$\mathrm{softmax}(x_i) = \frac{\exp(x_i)}{\sum_j \exp(x_j)}$$

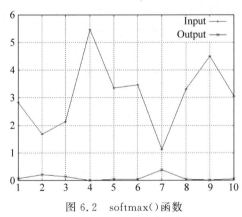

图 6.2　softmax()函数

（2）sigmoid()（如图 6.3 所示）：通常为 logistic()函数。适用于二元分类问题，是 SoftMax 的二元版本。

$$\sigma(x) = \frac{1}{1 + \exp(-x)}$$

（3）Tanh（如图 6.4 所示）：为 logistic()函数的变体。

$$\tanh(x) = \frac{2\sigma(x) - 1}{2\sigma^2(x) - 2\sigma(x) + 1}$$

（4）ReLU（如图 6.5 所示）：即修正线性单元（rectified linear unit）。根据公式，ReLU 具备引导适度稀疏的能力，因为随机初始化的网络只有一半处于激活状态；并且不会像 Sigmoid 那样出现梯度消失（vanishing gradient）的问题。

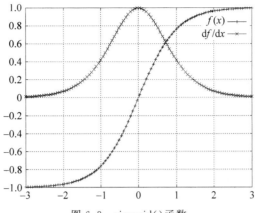

图 6.3 sigmoid() 函数

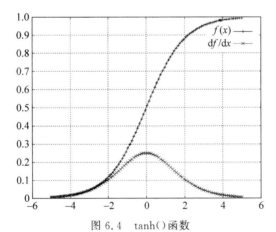

图 6.4 tanh() 函数

图 6.5 ReLU() 函数

$$\text{ReLU}(x) = \max(0, x)$$

输出：激活函数的输出 o 即为神经元的输出。一个神经元可以有多个输出 $o_1, o_2, \cdots,$ o_m 对应于不同的激活函数 $f_1, f_2, \cdots, f_m$。

神经网络：神经网络是一个有向图，以神经元为顶点，神经元的输入为顶点的入边，神经元的输出为顶点的出边。因此神经网络实际上是一个计算图（computational graph），直观地展示了一系列对数据进行计算操作的过程。

神经网络是一个端到端（end-to-end）的系统，这个系统接受一定形式的数据作为输入，经过系统内的一系列计算操作后，给出一定形式的数据作为输出；由于神经网络内部进行的各种操作与中间计算结果的意义通常难以进行直观的解释，系统内的运算可以被视为一个黑箱子，这与人类的认知在一定程度上具有相似性：人类总是可以接受外界的信息（视、听），并向外界输出一些信息（言、行），而医学界对信息输入大脑后是如何进行处理的则知之甚少。

通常地，为了直观起见，人们对神经网络中的各节点进行了层次划分，如图 6.6 所示。

输入层：接受来自网络外部的数据的节点，组成输入层。

输出层：向网络外部输出数据的节点，组成输出层。

隐藏层：除了输入层和输出层以外的其他层，均为隐藏层。

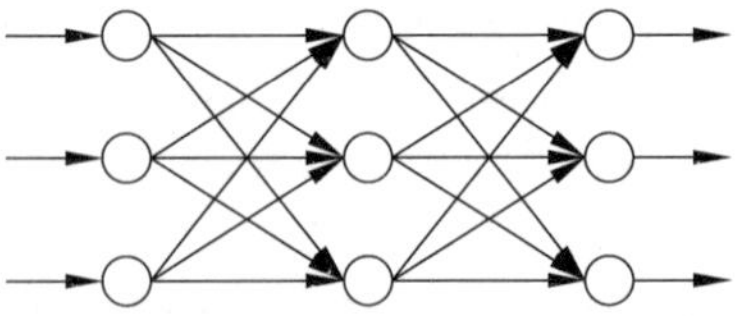

图 6.6　神经网络

训练：神经网络被预定义的部分是计算操作（computational operation），而要使得输入数据通过这些操作之后得到预期的输出，则需要根据一些实际的例子，对神经网络内部的参数进行调整与修正；这个调整与修正内部参数的过程称为训练，训练中使用的实际的例子称为**训练样例**。

监督训练：在监督训练中，训练样本包含神经网络的输入与预期输出；在监督训练中，对于一个训练样本 $\langle X, Y \rangle$，将 X 输入神经网络，得到输出 Y'；通过一定的标准计算 Y' 与 Y 之间的**训练误差**（training error），并将这种误差反馈给神经网络，以便神经网络调整连接权重及偏置。

非监督训练：在非监督训练中，训练样本仅包含神经网络的输入。

6.2　感知器

感知器（也称为感知机）的概念由 Rosenblatt Frank 在 1957 年提出，是一种监督训练的二元分类器。

6.2.1　单层感知器

考虑一个只包含一个神经元的神经网络。这个神经元有两个输入 x_1, x_2，权值为 w_1, w_2。其激活函数为符号函数：

$$f(x) = \text{sgn}(x) = \begin{cases} -1, & x < 0 \\ 1, & x \geqslant 0 \end{cases}$$

根据**感知器训练算法**,在训练过程中,若实际输出的激活状态 o 与预期输出的激活状态 y 不一致,则权值按以下方式更新:

$$w' \leftarrow w + \alpha \cdot (y - o) \cdot x$$

其中,w' 为更新后的权值,w 为原权值,y 为预期输出,x 为输入;α 称为**学习率**,学习率可以为固定值,也可以在训练中适应地调整。

例如,设定学习率 $\alpha = 0.01$,把权值初始化为 $w_1 = -0.2$,$w_2 = 0.3$,若有训练样例 $x_1 = 5$,$x_2 = 2$;$y = 1$,则实际输出与期望输出不一致。

$$o = \mathrm{sgn}(-0.2 \times 5 + 0.3 \times 2) = -1$$

因此对权值进行调整:

$$w_1 = -0.2 + 0.01 \times 2 \times 5 = -0.1$$

$$w_2 = 0.3 + 0.01 \times 2 \times 2 = 0.34$$

直观上来说,权值更新向着损失减小的方向进行,即网络的实际输出 o 越来越接近预期的输出 y。在这个例子中看到,经过以上一次权值更新之后,这个样例输入的实际输出 $o = \mathrm{sgn}(-0.1 \times 5 + 0.34 \times 2) = 1$,已经与正确的输出一致。

只需要对所有的训练样例重复以上的步骤,直到所有样本都得到正确的输出即可。

6.2.2 多层感知器

单层感知器可以拟合一个超平面 $y = ax_1 + bx_2$,适合于线性可分的问题,而对于线性不可分的问题则无能为力。考虑异或函数作为激活函数的情况:

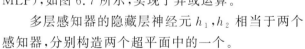

$$f(x_1, x_2) = \begin{cases} 0, & x_1 = x_2 \\ 1, & x_1 \neq x_2 \end{cases}$$

异或函数需要两个超平面才能进行划分。由于单层感知器无法克服线性不可分的问题,人们后来又引入了多层感知器(Multi-Layer Perceptron,MLP),如图 6.7 所示,实现了异或运算。

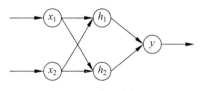

图 6.7 多层感知器

多层感知器的隐藏层神经元 h_1,h_2 相当于两个感知器,分别构造两个超平面中的一个。

6.3 BP 神经网络

在多层感知器被引入的同时,也引入了一个新的问题:由于隐藏层的预期输出并没有在训练样例中给出,隐藏层节点的误差无法像单层感知器那样直接计算得到。为了解决这个问题,**后向传播**(Back Propagation,BP)算法被引入,其核心思想是将误差由输出层向前层后向传播,利用后一层的误差来估计前一层的误差。后向传播算法由 Henry J. Kelley 在 1960 年和 Arthur E. Bryson 在 1961 年分别提出。使用后向传播算法训练的网络称为 BP 神经网络。

6.3.1 梯度下降

为了使得误差可以后向传播,梯度下降(gradient descent)的算法被采用,其思想是在权值空间中朝着误差下降最快的方向搜索,找到局部的最小值,如图 6.8 所示。

$$w \leftarrow w + \Delta w$$

$$\Delta w = -\alpha \, \nabla \mathrm{Loss}(w) = -\alpha \, \frac{\partial \mathrm{Loss}}{\partial w}$$

其中,w 为权值,α 为学习率,$\mathrm{Loss}(\cdot)$ 为**损失函数**(loss function)。损失函数的作用是计算实际输出与期望输出之间的误差。

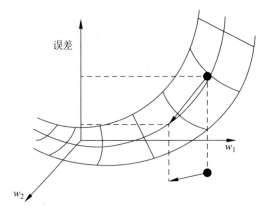

图 6.8 梯度下降

常用的损失函数有以下几个。

(1) 平均平方误差(Mean Squared Error,MSE),实际输出为 o_i,预期输出为 y_i。

$$\mathrm{Loss}(o, y) = \frac{1}{n} \sum_{i=1}^{n} | o_i - y_i |^2$$

(2) 交叉熵(Cross Entropy,CE)。

$$\mathrm{Loss}(x_i) = -\log\left(\frac{\exp(x_i)}{\sum_j \exp(x_j)} \right)$$

由于求偏导需要激活函数是连续的,而符号函数不满足连续的要求,因此通常使用连续可微的函数,如 sigmoid()函数作为激活函数。特别地,sigmoid()函数具有良好的求导性质:

$$\sigma' = \sigma(1 - \sigma)$$

使得计算编导时较为方便,因此被广泛应用。

6.3.2 后向传播

使得误差后向传播的关键在于利用求偏导的链式法则。我们知道,神经网络是直观展示的一系列计算操作,每个节点可以用一个 $f_i(\cdot)$ 函数来表示。

如图 6.9 所示的神经网络则可表达为一个以 $w_1, w_2, \cdots, w_6$ 为参量,$i_1, i_2, \cdots, i_4$ 为

变量的函数：

$$o = f_3(w_6 \cdot f_2(w_5 \cdot f_1(w_1 \cdot i_1 + w_2 \cdot i_2) + w_3 \cdot i_3) + w_4 \cdot i_4)$$

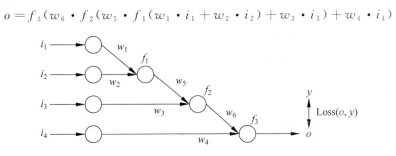

图 6.9 链式法则与后向传播

在梯度下降中，为了求得 Δw_k，需要用链式规则去求 $\dfrac{\partial \text{Loss}}{\partial w_k}$。例如，求 $\dfrac{\partial \text{Loss}}{\partial w_1}$：

$$\frac{\partial \text{Loss}}{\partial w_1} = \frac{\partial \text{Loss}}{\partial f_3} \frac{\partial f_3}{\partial f_2} \frac{\partial f_2}{\partial f_1} \frac{\partial f_1}{\partial w_1}$$

通过这种方式，误差得以后向传播到并用于更新每个连接权值，使得神经网络在整体上逼近损失函数的局部最小值，从而达到训练目的。

6.4 Dropout 正则化

Dropout 是一种正则化技术，通过防止特征的协同适应（co-adaptations），可用于减少神经网络中的过拟合。Dropout 的效果非常好，实现简单且不会降低网络速度，被广泛使用。

特征的协同适应指的是在训练模型时，共同训练的神经元为了相互弥补错误，而相互关联的现象，在神经网络中这种现象会变得尤其复杂。协同适应会转而导致模型的过度拟合，因为协同适应的现象并不会泛化未曾见过的数据。Dropout 从解决特征间的协同适应入手，有效地控制了神经网络的过拟合。

Dropout 在每次训练中，按照一定概率 p 随机地抑制一些神经元的更新，相应地，按照概率 $1-p$ 保留一些神经元的更新。当神经元被抑制时，它的前向结果被置为 0，而不管相应的权重和输入数据的数值大小。被抑制的神经元在后向传播中，也不会更新相应权重，也就是说，被抑制的神经元在前向和后向中都不起任何作用。通过随机地抑制一部分神经元，可以有效地防止特征的相互适应。

Dropout 的实现方法非常简单，参考如下代码，第 3 行生成了一个随机数矩阵 activations，表示神经网络中隐含层的激活值，第 4～5 行构建了一个参数 $p=0.5$ 的伯努利分布，并从中采样一个由伯努利变量组成的掩码矩阵 mask，伯努利变量是只有 0 和 1 两种取值可能性的离散变量。第 6 行将 mask 和 activations 逐元素相乘，mask 中数值为 0 的变量会将相应的激活值置为 0，从而这一激活值无论它本来的数值多大都不会参与到当前网络中更深层的计算，而 mask 中数值为 1 的变量则会保留相应的激活值。

```
1 from torch.distributions import Bernoulli
2
3 activations = torch.rand((5, 5))
4 m = Bernoulli(0.5)
5 mask = m.sample(activations.shape)
6 activations *= mask
7 print(activations)
>>> tensor([[0.0000, 0.5935, 0.0975, 0.0000, 0.5066],
            [0.0000, 0.6437, 0.1462, 0.9188, 0.0000],
            [0.8829, 0.6852, 0.0000, 0.0000, 0.5704],
            [0.0000, 0.6003, 0.0000, 0.4777, 0.0000],
            [0.0000, 0.9796, 0.0000, 0.1457, 0.0000]])
```

因为 Dropout 对神经元的抑制是按照概率 p 随机发生的，所以使用了 Dropout 的神经网络在每次训练中，学习的几乎都是一个新的网络。另外的一种解释是，Dropout 在训练一个共享部分参数的集成模型。为了模拟集成模型的方法，使用了 Dropout 的网络需要使用到所有的神经元，所以在测试时，Dropout 将激活值乘上一个尺度缩放系数 $1-p$ 以恢复在训练时按概率 p 随机地丢弃神经元所造成的尺度变换，其中的 p 就是在训练时抑制神经元的概率。在实践中（同时也是 PyTorch 的实现方式），通常采用 Inverted Dropout 的方式。在训练时对激活值乘上尺度缩放系数 $\dfrac{1}{1-p}$，而在测试时则什么都不需要做。

Dropout 会在训练和测试时做出不同的行为，PyTorch 的 torch.nn.Module 提供了 train() 方法和 eval() 方法，通过调用这两个方法就可以将网络设置为训练模式或测试模式，这两个方法只对 Dropout 这种训练和测试不一致的网络层起作用，而不影响其他的网络层，后面介绍的 BatchNormalization 也是训练和测试步骤不同的网络层。

下面通过两个实例说明 Dropout 在训练模式和测试模式下的区别，第 5～8 行执行了统计 Dropout 影响到的神经元数量，注意因为 PyTorch 的 Dropout 采用了 Inverted Dropout，所以在第 8 行对 activations 乘以 $1/(1-p)$，以对应 Dropout 的尺度变换。结果发现它大约影响了 50% 的神经元，这一数值和设置的 $p=0.5$ 基本一致，换句话说，p 的数值越高，训练中的模型就越精简。第 14～17 行统计了 Dropout 在测试时影响到的神经元数量，结果发现它并没有影响到任何神经元，也就是说，Dropout 在测试时并不改变网络的结构。

```
1 p, count, iters, shape = 0.5, 0., 50, (5,5)
2 dropout = nn.Dropout(p)
3 dropout.train()
4
5 for _ in range(iters):
6     activations = torch.rand(shape) + 1e-5
7     output = dropout(activations)
8     count += torch.sum(output == activations * (1/(1-p)))
```

```
 9
10 print("train 模式 Dropout 影响了{}的神经元".format(1 - float(count)/(activations.
   nelement() * iters)))
11
12 count = 0
13 dropout.eval()
14 for _ in range(iters):
15     activations = torch.rand(shape) + 1e - 5
16     output = dropout(activations)
17     count += torch.sum(output == activations)
18 print("eval 模式 Dropout 影响了{}的神经元".format(1 - float(count)/(activations.
   nelement() * iters)))
>>> train 模式 Dropout 影响了 0.49119999999999997 的神经元
>>> eval 模式 Dropout 影响了 0.0 的神经元
```

6.5 批标准化

在训练神经网络时,往往需要标准化(normalization)输入数据,使得网络的训练更加快速和有效,然而 SGD 等学习算法会在训练中不断改变网络的参数,隐含层的激活值的分布会因此发生变化,而这一种变化就称为内协变量偏移(Internal Covariate Shift,ICS)。

为了减轻 ICS 问题,Batch Normalization 固定激活函数的输入变量的均值和方差,使得网络的训练更快。除了加速训练这一优势,Batch Normalization 还具备其他功能:首先,应用了 Batch Normalization 的神经网络在反向传播中有非常好的梯度流,这样,神经网络对权重的初值和尺度依赖性减少,能够使用更高的学习率,却降低了不收敛的风险。不仅如此,Batch Normalization 还具有正则化的作用,Dropout 也就不再需要了。最后,Batch Normalization 让深度神经网络使用饱和非线性函数成为可能。

6.5.1 Batch Normalization 的实现方式

Batch Normalization 在训练时,用当前训练批次的数据单独地估计每一激活值 $x^{(k)}$ 的均值和方差,为了方便,接下来只关注某一个激活值 $x^{(k)}$,并将 k 省略掉,现定义当前批次为具有 m 个激活值的 β:

$$\beta = x_{1\ldots m}$$

首先,计算当前批次激活值的均值和方差:

$$\mu_\beta = \frac{1}{m} \sum_{i=1}^{m} x_i$$

$$\delta_\beta^2 = \frac{1}{m} \sum_{i=1}^{m} (x_i - \mu_\beta)^2$$

然后用计算好的均值 μ_β 和方差 δ_β^2 标准化这一批次的激活值 x_i,得到 $\hat{x}_i$,为了避免除 0,ε 被设置为一个非常小的数字,在 PyTorch 中,默认设为 $1e-5$。

$$\hat{x}_i = \frac{x_i - \mu_\beta}{\delta_\beta^2 + \varepsilon}$$

这样,就固定了当前批次 β 的分布,使得其服从均值为 0,方差为 1 的高斯分布。但是标准化有可能会降低模型的表达能力,因为网络中的某些隐含层很有可能就是需要输入数据是非标准化分布的。所以,Batch Normalization 对标准化的变量 x_i 加了一步仿射变换 $y_i = \gamma \hat{x}_i + \beta$,添加的两个参数 γ 和 β 用于恢复网络的表示能力,它和网络原本的权重一起训练。在 PyTorch 中,β 初始化为 0,而 γ 则从均匀分布 $u(0,1)$ 随机采样。当 $\gamma = \sqrt{\mathrm{Var}[x]}$ 且 $\beta = E[x]$ 时,标准化的激活值则完全恢复成原始值,这完全由训练中的网络自己决定。训练完毕后,γ 和 β 作为中间状态保存下来。在 PyTorch 的实现中,Batch Normalization 在训练时还会计算移动平均化的均值和方差:

running_mean $= (1 - \mathrm{momentum}) \times$ running_mean $+ \mathrm{momentum} \times \mu_\beta$

running_var $= (1 - \mathrm{momentum}) \times$ running_var $+ \mathrm{momentum} \times \delta_\beta^2$

momentum 默认为 0.1,running_mean 和 running_var 在训练完毕后保留,用于模型验证。

Batch Normalization 在训练完毕后,保留了两个参数 β 和 γ,以及两个变量 running_mean 和 running_var。在模型做验证时,做如下变换:

$$y = \frac{\gamma}{\sqrt{\mathrm{running\_var} + \varepsilon}} \cdot x + \left(\beta - \frac{\gamma}{\sqrt{\mathrm{running\_var} + \varepsilon}} \cdot \mathrm{running\_mean} \right)$$

6.5.2　Batch Normalization 的使用方法

在 PyTorch 中,torch.nn.BatchNorm1d 提供了 Batch Normalization 的实现,同样地,它也被当作神经网络中的层使用。它有两个十分关键的参数,num_features 确定特征的数量,affine 决定 Batch Normalization 是否使用仿射映射。

下面的代码第 4 行实例化了一个 BatchNorm1d 对象,它接收特征数量 num_features＝5 的数据,所以模型的两个中间变量 running_mean 和 running_var 就会被初始化为 5 维的向量,用于统计移动平均化的均值和方差。第 5～6 行打印了这两个变量的数据,可以很直观地看到它们的初始化方式。第 9～11 行从标准高斯分布采样了一些数据然后提供给 Batch Normalization 层。第 14～15 行打印了变化后的 running_mean 和 running_var,可以发现它们的数值发生了一些变化但是基本维持了标准高斯分布的均值和方差数值。第 17～24 行验证了如果将模型设置为 eval 模式,这两个变量不会发生任何变化。

```
1 import torch
2 from torch import nn
3
4 m = nn.BatchNorm1d(num_features = 5, affine = False)
5 print("BEFORE:")
6 print("running_mean:", m.running_mean)
7 print("running_var:" ,m.running_var)
```

```
 8
 9 for _ in range(100):
10     input = torch.randn(20, 5)
11     output = m(input)
12
13 print("AFTER:")
14 print("running_mean:", m.running_mean)
15 print("running_var:" ,m.running_var)
16
17 m.eval()
18 for _ in range(100):
19     input = torch.randn(20, 5)
20     output = m(input)
21
22 print("EVAL:")
23 print("running_mean:", m.running_mean)
24 print("running_var:" ,m.running_var)
>>> BEFORE:
    running_mean: tensor([0., 0., 0., 0., 0.])
    running_var: tensor([1., 1., 1., 1., 1.])
>>> AFTER:
    running_mean: tensor([-0.0226, 0.0298, 0.0348, 0.0381, -0.0318])
    running_var: tensor([1.0367, 1.0094, 1.1143, 0.9406, 1.0035])
>>> EVAL:
    running_mean: tensor([-0.0226, 0.0298, 0.0348, 0.0381, -0.0318])
    running_var: tensor([1.0367, 1.0094, 1.1143, 0.9406, 1.0035])
```

上面代码的第 4 行设置了 affine＝False,也就是不对标准化后的数据采用仿射变换,关于仿射变换的两个参数 β 和 γ 在 BatchNorm1d 中称为 weight 和 bias。下面代码的第 4～5 行打印了这两个变量,很显然,因为关闭了仿射变换,所以这两个变量被设置为 None。现在,再实例化一个 BatchNorm1d 对象 m_affine,但是这次设置 affine＝True,然后在第 9～10 行打印 m_affine.weight,m_affine.bias。可以看到,正如前面描述的那样, γ 从均匀分布 $u(0,1)$ 随机采样,而 β 被初始化为 0。另外,应当注意,m_affine.weight 和 m_affine.bias 的类型均为 Parameter,也就是说,它们和线性模型的权重是一种类型,参与模型的训练,而 running_mean 和 running_var 的类型为 Tensor,这样的变量在 PyTorch 中称为 buffer。buffer 不影响模型的训练,仅作为中间变量更新和保存。

```
1 import torch
2 from torch import nn
3
4 print("no affine, gamma:", m.weight)
5 print("no affine, beta :", m.bias)
6
7 m_affine = nn.BatchNorm1d(num_features = 5, affine = True)
8 print('')
```

```
 9 print("with affine, gamma:", m_affine.weight, type(m_affine.weight))
10 print("with affine, beta:", m_affine.bias, type(m_affine.bias))
>>> no affine, gamma: None
>>> no affine, beta : None
>>>
>>> with affine, gamma: Parameter containing:
    tensor([0.5346, 0.3419, 0.2922, 0.0933, 0.6641], requires_grad = True) < class 'torch.
nn.parameter.Parameter'>
>>> with affine, beta: Parameter containing:
    tensor([0., 0., 0., 0., 0.], requires_grad = True) < class 'torch.nn.parameter.Parameter'>
```

第 **7** 章

卷积神经网络与计算机视觉

7.1 卷积神经网络的基本思想

卷积神经网络最初由 Yann LeCun 等人在 1989 年提出,是最初取得成功的深度神经网络之一。它的基本思想如下。

1. 局部连接

传统的 BP 神经网络,例如多层感知器,前一层的某个节点与后一层的所有节点都有连接,后一层的某一个节点与前一层的所有节点也有连接,这种连接方式称为**全局连接**(如图 7.1 所示)。如果前一层有 M 个节点,后一层有 N 个节点,就会有 $M \times N$ 个连接权值,每一轮后向传播更新权值的时候都要对这些权值进行重新计算,造成了 $O(M \times N) = O(n^2)$ 的计算与内存开销。

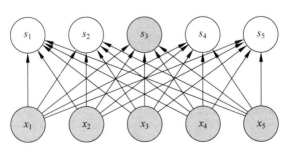

图 7.1 全局连接的神经网络

(图片来源:Goodfellow et al. *Deep Learning*. MIT Press.)

而局部连接的思想就是使得两层之间只有相邻的节点才进行连接,即连接都是"局部"的(如图 7.2 所示)。以图像处理为例,直觉上,图像的某一个局部的像素组合在一起共同呈现一些特征,而图像中距离比较远的像素组合起来则没有什么实际意义,因此这种局部连接的方式可以在图像处理的问题上有较好的表现。如果把连接限制在空间中相邻的 c 个节点,就把连接权值降低到了 $c \times N$,计算与内存开销就降低到了 $O(c \times N) = O(n)$。

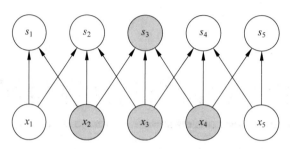

图 7.2 局部连接的神经网络

(图片来源:Goodfellow et al. *Deep Learning*. MIT Press.)

2. 参数共享

既然在图像处理中认为图像的特征具有局部性,那么对于每个局部使用不同的特征抽取方式(即不同的连接权值)是否合理呢? 由于不同的图像在结构上相差甚远,同一个局部位置的特征并不具有共性,对于某一个局部使用特定的连接权值不能得到更好的结果。因此考虑让空间中不同位置的节点连接权值进行共享,例如在图 7.2 中,属于节点 s_2 的连接权值:

$$w = \{w_1, w_2, w_3 \mid w_1 : x_1 \rightarrow s_2 ; w_2 : x_2 \rightarrow s_2 ; w_3 : x_3 \rightarrow s_2\}$$

可以被节点 s_3 以

$$w = \{w_1, w_2, w_3 \mid w_1 : x_2 \rightarrow s_3 ; w_2 : x_3 \rightarrow s_3 ; w_3 : x_4 \rightarrow s_3\}$$

的方式共享。其他节点的权值共享类似。

这样一来,两层之间的连接权值就减少到 c 个;虽然在前向传播和后向传播的过程中,计算开销仍为 $O(n)$,但内存开销被减少到常数级别 $O(c)$。

7.2 卷积操作

离散的卷积操作正是这样一种操作,它满足了以上局部连接、参数共享的性质。代表卷积操作的节点层称为**卷积层**。

在泛函分析中,卷积被 $f * g$ 定义为:

$$(f * g)(t) = \int_{-\infty}^{\infty} f(\tau) g(t - \tau) \mathrm{d}\tau$$

则 1 维离散的卷积操作可以被定义为:

$$(f * g)(x) = \sum_i f(i) g(x - i)$$

现在,假设 f 与 g 分别代表一个从向量下标到向量元素值的映射,令 f 表示输入向量,g 表示的向量称为**卷积核**(Kernel),则卷积核施加于输入向量上的操作类似于一个权值向量在输入向量上移动,每移动一步进行一次加权求和操作;每一步移动的距离被称为**步长**(Stride)。例如,取输入向量大小为5,卷积核大小为3,步长1,则卷积操作过程如图7.3和图7.4所示。

卷积核从输入向量左边开始扫描,权值在第一个位置分别与对应输入值相乘求和,得到卷积特征值向量的第一个值;接下来,移动一个步长,到达第二个位置,进行相同操作;以此类推。

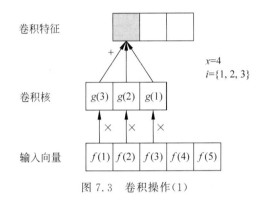

图 7.3　卷积操作(1)

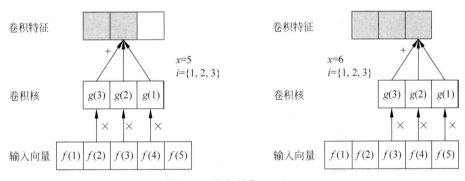

图 7.4　卷积操作(2)、(3)

这样就实现了从前一层的输入向量提取特征到后一层的操作,这种操作具有局部连接(每个节点只和与其相邻的 3 个节点有连接)以及参数共享(所用的卷积核为同一个向量)的特性。类似地,可以拓展到 2 维(如图7.5所示),以及更高维度的卷积操作。

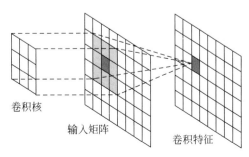

图 7.5　2 维卷积操作

多个卷积核：利用一个卷积核进行卷积抽取特征是不充分的，因此在实践中，通常使用多个卷积核来提升特征提取的效果，之后将所得不同卷积核卷积所得特征张量沿第一维拼接形成更高一个维度的特征张量。

多通道卷积：在处理彩色图像时，输入的图像有 RGB 三个通道的数值，这时分别使用不同的卷积核对每一个通道进行卷积，然后使用线性或非线性的激活函数将相同位置的卷积特征合并为一个。

边界填充：注意到在图 7.5 中，卷积核的中心 $g(2)$ 并不是从边界 $f(1)$ 上开始扫描的。以 1 维卷积为例，大小为 m 的卷积核在大小为 n 的输入向量上进行操作后所得到的卷积特征向量大小会缩小为 $n-m+1$。当卷积层数增加时，特征向量大小就会以 $m-1$ 的速度坍缩，这使得更深的神经网络变得不可能，因为在叠加到第 $\left\lfloor \dfrac{n}{m-1} \right\rfloor$ 个卷积层之后，卷积特征将坍缩为标量。为了解决这一问题，人们通常采用在输入张量的边界上填充 0 的方式，使得卷积核的中心可以从边界上开始扫描，从而保持卷积操作输入张量和输出张量的大小不变。

7.3　池化层

池化(pooling，如图 7.6 所示)的目的是降低特征空间的维度，只抽取局部最显著的特征，同时这些特征出现的具体位置也被忽略。这样做是符合直觉的：以图像处理为例，通常关注的是一个特征是否出现，而不太关心它们出现在哪里，这被称为图像的静态性。通过池化降低空间维度的做法不但降低了计算开销，还使得卷积神经网络对于噪声具有健壮性。

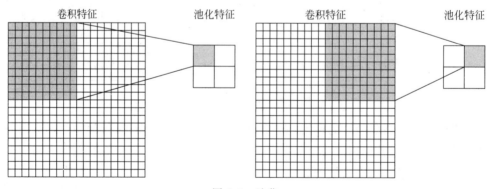

图 7.6　池化

常见的池化类型有最大池化、平均池化等。最大池化是指在池化区域中，取卷积特征值最大的作为所得池化特征值；平均池化则是指在池化区域中取所有卷积特征值的平均作为池化特征值。如图 7.6 所示，在 2 维的卷积操作之后得到一个 20×20 的卷积特征矩阵，池化区域大小为 10×10，这样得到的就是一个 4×4 的池化特征矩阵。需要注意的是，与卷积核在重叠的区域进行卷积操作不同，池化区域是互不重叠的。

7.4　卷积神经网络

一般来说，**卷积神经网络**（Convolutional Neural Network，CNN）由一个卷积层、一个池化层、一个非线性激活函数层组成，如图7.7所示。

在图像分类中表现良好的深度神经网络往往由许多"卷积层+池化层"的组合堆叠而成，通常多达数十层乃至上百层，如图7.8所示。

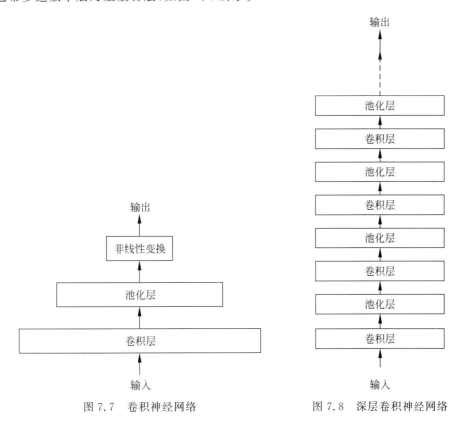

图 7.7　卷积神经网络　　　　　　图 7.8　深层卷积神经网络

7.5　经典网络结构

VGG，InceptionNet，ResNet 等 CNN 是从大规模图像数据集训练的、用于图像分类的网络。ImageNet 从 2010 年起每年都举办图像分类的竞赛，为了公平起见，它为每位参赛者提供来自 1000 个类别的 120 万张图像。在如此巨大的数据集中训练出的深度学习模型特征具有非常良好的泛化能力，在迁移学习后，可以被用于除图像分类之外的其他任务，如目标检测、图像分割。PyTorch 的 torchvision.models 提供了大量的模型实现，以及模型的预训练权重文件，其中就包括本节介绍的 VGG，InceptionNet，ResNet。

7.5.1　VGG 网络

VGG 网络的特点是 3×3 代替先前网络(如 AlexNet)的大卷积核。例如,三个步长为 1 的 3×3 的卷积核和一个 7×7 大小的卷积核的感受是一致的,两个步长为 1 的 3×3 的卷积核和一个 5×5 大小的卷积核的感受也是一致的。这样,虽然感受是相同的,但是却加深了网络的深度,提升了网络的拟合能力。VGG 网络的网络结构如图 7.9 所示。

ConvNet Configuration					
A	A-LRN	B	C	D	E
11 weight layers	11 weight layers	13 weight layers	16 weight layers	16 weight layers	19 weight layers
input(224×224 RGB image)					
conv3-64	conv3-64 **LRN**	conv3-64 **conv3-64**	conv3-64 conv3-64	conv3-64 conv3-64	conv3-64 conv3-64
maxpool					
conv3-128	conv3-128	conv3-128 **conv3-128**	conv3-128 conv3-128	conv3-128 conv3-128	conv3-128 conv3-128
maxpool					
conv3-256 conv3-256	conv3-256 conv3-256	conv3-256 conv3-256	conv3-256 conv3-256 **conv1-256**	conv3-256 conv3-256 **conv3-256**	conv3-256 conv3-256 conv3-256 **conv3-256**
maxpool					
conv3-512 conv3-512	conv3-512 conv3-512	conv3-512 conv3-512	conv3-512 conv3-512 **conv1-512**	conv3-512 conv3-512 **conv3-512**	conv3-512 conv3-512 conv3-512 **conv3-512**
maxpool					
conv3-512 conv3-512	conv3-512 conv3-512	conv3-512 conv3-512	conv3-512 conv3-512 **conv1-512**	conv3-512 conv3-512 **conv3-512**	conv3-512 conv3-512 conv3-512 **conv3-512**
maxpool					
FC-4096					
FC-4096					
FC-1000					
soft-max					

图 7.9　VGG 网络结构

除此之外,VGG 的全 3×3 卷积核结构降低了参数量,如一个 7×7 卷积核,其参数量为 $7\times7\times C_{in}\times C_{out}$,而具有相同感受野的全 3×3 卷积核的参数量为 $3\times3\times3\times C_{in}\times C_{out}$。VGG 网络和 AlexNet 的整体结构一致,都是先用 5 层卷积层提取图像特征,再用 3 层全连接层作为分类器。不过 VGG 网络的"层"(在 VGG 中称为 Stage)是由几个 3×3 的卷积层叠加起来的,而 AlexNet 是一个大卷积层为一层。所以 AlexNet 只有 8 层,而 VGG 网络则可多达 19 层,VGG 网络在 ImageNet 的 Top5 准确率达到了 92.3%。VGG 网络的主要问题是最后的 3 层全连接层的参数量过于庞大。

7.5.2　InceptionNet

InceptionNet(GoogLeNet)主要是由多个称为 Inception 的模块实现的。InceptionNet 结构如图 7.10 所示,它是一个分支结构,一共有 4 个分支,第一个分支是 1×1 卷积核;第二个分支是先进行 1×1 卷积,然后再 3×3 卷积;第三个分支同样先 1×1 卷积;然后再接一层 5×5 卷积;第 4 个分支先是 3×3 的最大池化层,然后再用 1×1 卷积。最后,4 个通道计算过的特征映射用沿通道维度拼接的方式组合到一起。

图 7.10 中有 6 个卷积核和一个最大池化层,其中,输入 Filter concatenation 操作的前三个 1×1,3×3 和 5×5 的卷积核主要用于提取特征。不同大小的卷积核拼接到一起,使这一结构具有多尺度的表达能力。3×3 max pooling 最大池化层的使用是因为实验表明池化层往往具有比较好的效果。而剩下的三个的 1×1 卷积核则用于特征降维,可以减少计算量。在 InceptionNet 中,使用全局平均池化层和单层的全连接层替换掉了 VGG 的三层全连接层。

最后,InceptionNet 达到了 22 层,为了让深度如此大的网络能够稳定地训练,Inception 在网络中间添加了额外的两个分类损失函数,在训练中这些损失函数相加为一个最终的损失,在验证过程中这两个额外的损失函数不再使用。InceptionNet 在 ImageNet 的 Top5 准确率为 93.3%,不仅准确率高于 VGG 网络,推断速度也更胜一筹。

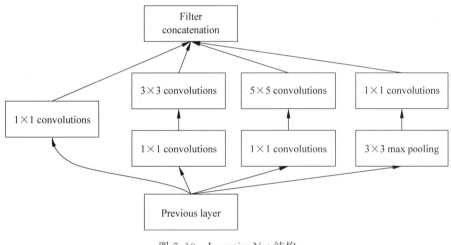

图 7.10　InceptionNet 结构

7.5.3　ResNet

神经网络越深,对复杂特征的表示能力就越强。但是单纯地提升网络的深度会导致反向传播算法在传递梯度时,发生梯度消失现象,导致网络的训练无效。通过一些权重初始化方法和 Batch Normalization 可以解决这一问题。但是即便使用了这些方法,网络在达到一定深度之后,模型训练的准确率也不会再提升,甚至会开始下降,这种现象称为训练准确率的退化(degradation)问题。退化问题表明,深层模型的训练是非常困难的。ResNet 提出了残差学习的方法,用于解决深度学习模型的退化问题。

假设输入数据是 x,常规的神经网络是通过几个堆叠的层去学习一个映射 $H(x)$,而 ResNet 学习的是映射和输入的残差 $F(x):=H(x)-x$。相应地,原有的表示就变成 $H(x)=F(x)+x$。尽管两种表示是等价的,而实验表明,残差学习更容易训练。ResNet 是由几个堆叠的残差模块表示的,可以将残差结构形式化为:

$$y = F(x, \{w_i\}) + x$$

其中,$F(x, \{w_i\})$ 表示要学习的残差映射,残差模块的基本结构如图 7.11 所示。在图 7.11 中残差映射一共有两层,可表示为 $y = w_2 \delta(w_1 x + b_1) + b_2$,其中,$\delta$ 表示 ReLU 激活函数。ResNet 的实现中大量采用了两层或三层的残差结构,而实际这个数量并没有限制,当它仅为一层时,残差结构就相当于一个线性层,所以就没有必要采用单层的残差结构了。

$F(x)+x$ 在 ResNet 中用 shortcut 连接和逐元素相加实现,相加后的结果为下一个 ReLU 激活函数的输入。shortcut 连接相当于对输入 x 做了一个恒等映射(identity map),在非常极端的情况下,残差 $F(x)$ 会等于 0,而使得整个残差模块仅做了一次恒等映射,这完全是由网络自主决定的,只要它自身认为这是更好的选择。如果 $F(x)$ 和 x 的维度并不相同,那么可以采用如下结构使得其维度相同:

$$y = F(x, \{w_i\}) + \{w_s\} x$$

但是,ResNet 的实验表明,使用恒等映射就能够很好地解决退化问题,并且足够简单,计算量足够小。ResNet 的残差结构解决了深度学习模型的退化问题,在 ImageNet 的数据集上,最深的 ResNet 模型达到了 152 层,其 Top5 准确率达到了 95.51%。

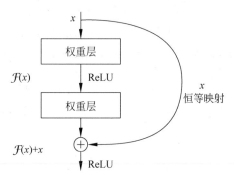

图 7.11 ResNet 结构

7.6 用 PyTorch 进行手写数字识别

torch.utils.data.Datasets 是 PyTorch 用来表示数据集的类,本节使用 torchvision. datasets.MNIST 构建手写数字数据集。下面代码中第 5 行实例化了 Datasets 对象,datasets.MNIST 能够自动下载数据保存到本地磁盘,参数 train 默认为 True,用于控制加载的数据集是训练集还是测试集。注意在第 7 行,使用了 len(mnist),这里调用了 __len__() 方法,第 8 行使用了 mnist[j],调用的是 __getitem__() 方法,在自己建立数据集时,需要继承 Dataset,并且覆写 __item__() 和 __len__() 这两个方法。第 9、10 行绘制了 MNIST 手写数字数据集,如图 7.12 所示。

```
1 from torchvision.datasets import MNIST
2 from matplotlib import pyplot as plt
3 % matplotlib inline
4
5 mnist = datasets.MNIST(root = '~', train = True, download = True)
```

```
6
7 for i, j in enumerate(np.random.randint(0, len(mnist), (10,))):
8     data, label = mnist[j]
9     plt.subplot(2,5,i+1)
10    plt.imshow(data)
```

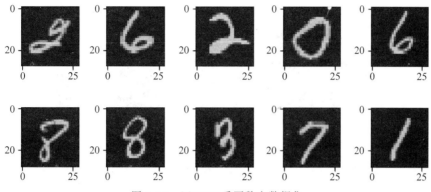

图 7.12 MNIST 手写数字数据集

数据预处理是非常重要的步骤,PyTorch 提供了 torchvision. transforms 用于处理数据及数据增强。在这里使用了 torchvision. transforms. ToTensor,它将 PIL Image 或者 numpy. ndarray 类型的数据转换为 Tensor,并且它会将数据从[0,255]映射到[0,1]。 torchvision. transforms. Normalize 会将数据标准化,将训练数据标准化会加速模型在训练中的收敛速率。在使用中,可以利用 torchvision. transforms. Compose 将多个 transforms 组合到一起,被包含的 transforms 会顺序执行。

```
1 trans = transforms.Compose([
2     transforms.ToTensor(),
3     transforms.Normalize((0.1307,), (0.3081,))])
4
5 normalized = trans(mnist[0][0])
1 from torchvision import transforms
2
3 mnist = datasets.MNIST(root = '~', train = True, download = True,transform = trans)
```

准备好处理数据的流程后,就可以读取用于训练的数据了,torch. utils. data. DataLoader 提供了迭代数据、随机抽取数据、批量化数据、使用 multiprocessing 并行化读取数据的功能。下面定义了 imshow()函数,第 2 行将数据从标准化的数据中恢复出来,第 3 行将 Tensor 类型转换为 ndarray,这样才可以用 matplotlib 绘制出来,绘制的结果如图 7.13 所示,第 4 行将矩阵的维度从(C,W,H)转换为(W,H,C)。

```
1 def imshow(img):
2     img = img * 0.3081 + 0.1307
3     npimg = img.numpy()
```

```
4      plt.imshow(np.transpose(npimg, (1, 2, 0)))
5
6 dataloader = DataLoader(mnist, batch_size = 4, shuffle = True, num_workers = 4)
7 images, labels = next(iter(dataloader))
8
9 imshow(torchvision.utils.make_grid(images))
```

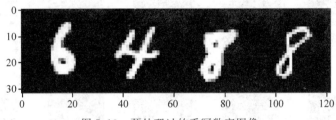

图 7.13　预处理过的手写数字图像

前面展示了使用 PyTorch 加载数据、处理数据的方法。下面构建用于识别手写数字的神经网络模型。

```
1 class MLP(nn.Module):
2     def __init__(self):
3         super(MLP, self).__init__()
4
5         self.inputlayer = nn.Sequential(nn.Linear(28 * 28, 256), nn.ReLU(), nn.Dropout
                           (0.2))
6         self.hiddenlayer = nn.Sequential(nn.Linear(256, 256), nn.ReLU(), nn.Dropout
                           (0.2))
7         self.outlayer = nn.Sequential(nn.Linear(256, 10))
8
9
10
11    def forward(self, x):
12        # 将输入图像拉伸为 1 维向量
13        x = x.view(x.size(0), -1)
14
15        x = self.inputlayer(x)
16        x = self.hiddenlayer(x)
17        x = self.outlayer(x)
18        return x
```

可以直接通过打印 nn.Module 的对象看到其网络结构。

```
print(MLP())
>>> MLP(
    (inputlayer): Sequential(
        (0): Linear(in_features = 784, out_features = 256, bias = True)
        (1): ReLU()
```

```
        (2): Dropout(p = 0.2)
    )
    (hiddenlayer): Sequential(
        (0): Linear(in_features = 256, out_features = 256, bias = True)
        (1): ReLU()
        (2): Dropout(p = 0.2)
    )
    (outlayer): Sequential(
        (0): Linear(in_features = 256, out_features = 10, bias = True)
    )
)
```

在准备好数据和模型后,就可以训练模型了。下面分别定义了数据处理和加载流程、模型、优化器、损失函数以及用准确率评估模型能力。第 33 行将训练数据迭代 10 个 epoch,并将训练和验证的准确率和损失记录下来。

```
 1 from torch import optim
 2 from tqdm import tqdm
 3 # 数据处理和加载
 4 trans = transforms.Compose([
 5 transforms.ToTensor(),
 6 transforms.Normalize((0.1307,), (0.3081,))])
 7 mnist_train = datasets.MNIST(root = '~', train = True, download = True, transform =
        trans)
 8 mnist_val = datasets.MNIST(root = '~', train = False, download = True, transform = trans)
 9
10 trainloader = DataLoader(mnist_train, batch_size = 16, shuffle = True, num_workers = 4)
11 valloader = DataLoader(mnist_val, batch_size = 16, shuffle = True, num_workers = 4)
12
13 # 模型
14 model = MLP()
15
16 # 优化器
17 optimizer = optim.SGD(model.parameters(), lr = 0.01, momentum = 0.9)
18
19 # 损失函数
20 celoss = nn.CrossEntropyLoss()
21 best_acc = 0
22
23 # 计算准确率
24 def accuracy(pred, target):
25     pred_label = torch.argmax(pred, 1)
26     correct = sum(pred_label == target).to(torch.float)
27     # acc = correct / float(len(pred))
28     return correct, len(pred)
29
30 acc = {'train': [], "val": []}
```

```
31 loss_all = {'train': [], "val": []}
32
33 for epoch in tqdm(range(10)):
34     #设置为验证模式
35     model.eval()
36     numer_val, denumer_val, loss_tr = 0., 0., 0.
37     with torch.no_grad():
38         for data, target in valloader:
39             output = model(data)
40             loss = celoss(output, target)
41             loss_tr += loss.data
42
43             num, denum = accuracy(output, target)
44             numer_val += num
45             denumer_val += denum
46     #设置为训练模式
47     model.train()
48     numer_tr, denumer_tr, loss_val = 0., 0., 0.
49     for data, target in trainloader:
50         optimizer.zero_grad()
51         output = model(data)
52         loss = celoss(output, target)
53         loss_val += loss.data
54         loss.backward()
55         optimizer.step()
56         num, denum = accuracy(output, target)
57         numer_tr += num
58         denumer_tr += denum
59     loss_all['train'].append(loss_tr/len(trainloader))
60     loss_all['val'].append(loss_val/len(valloader))
61     acc['train'].append(numer_tr/denumer_tr)
62     acc['val'].append(numer_val/denumer_val)
```

```
>>>   0 %|            | 0/10 [00:00<?, ?it/s]
>>>  10 %|█           | 1/10 [00:16<02:28, 16.47s/it]
>>>  20 %|██          | 2/10 [00:31<02:07, 15.92s/it]
>>>  30 %|███         | 3/10 [00:46<01:49, 15.68s/it]
>>>  40 %|████        | 4/10 [01:01<01:32, 15.45s/it]
>>>  50 %|█████       | 5/10 [01:15<01:15, 15.17s/it]
>>>  60 %|██████      | 6/10 [01:30<01:00, 15.19s/it]
>>>  70 %|███████     | 7/10 [01:45<00:44, 14.99s/it]
>>>  80 %|████████    | 8/10 [01:59<00:29, 14.86s/it]
>>>  90 %|█████████   | 9/10 [02:15<00:14, 14.97s/it]
>>> 100 %|██████████  | 10/10 [02:30<00:00, 14.99s/it]
```

模型训练迭代过程的损失图像如图7.14所示。

```
plt.plot(loss_all['train'])
plt.plot(loss_all['val'])
```

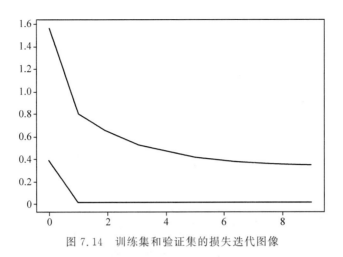

图 7.14　训练集和验证集的损失迭代图像

模型训练迭代过程的准确率图像如图 7.15 所示。

```
plt.plot(acc['train'])
plt.plot(acc['val'])
```

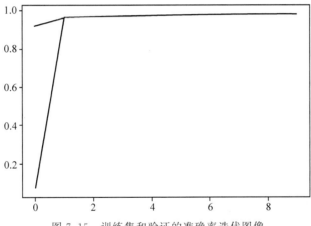

图 7.15　训练集和验证的准确率迭代图像

第 8 章

神经网络与自然语言处理

　　随着梯度反向传播算法的提出,神经网络在计算机视觉领域取得了巨大的成功,神经网络第一次真正地超越传统方法,成为在学术界乃至工业界实用的模型。

　　这时在自然语言处理领域,统计方法仍然是主流的方法,例如,n-gram 语言模型、统计机器翻译的 IBM 模型,就已经发展出许多非常成熟而精巧的变种。由于自然语言处理中所要处理的对象都是离散的符号,例如,词、n-gram,以及其他的离散特征,自然语言处理与连续型浮点值计算的神经网络有着天然的隔阂。

　　然而有一群坚定地信奉连接主义的科学家们,一直坚持不懈地对把神经网络引入计算语言学领域进行探索。从最简单的多层感知机网络,到循环神经网络,再到 Transformer 架构,序列建模与自然语言处理成为神经网络应用最为广泛的领域之一。本章将对自然语言处理领域的神经网络架构发展做全面的梳理,并从 4 篇最经典的标志性论文展开,详细剖析这些网络架构设计背后的语言学意义。

8.1　语言建模

　　自然语言处理中,最根本的问题就是语言建模。机器翻译可以被看作一种条件语言模型。我们观察到,自然语言处理领域中每一次网络架构的重大创新都出现在语言建模上。因此,在这里对语言建模做必要的简单介绍。

　　人类使用的自然语言都是以序列的形式出现的,尽管这个序列的基本单元应该选择什么是一个开放性的问题(是词,还是音节,还是字符等)。假设词是基本单元,那么一个句子就是一个由词组成的序列。一门语言能产生的句子是无穷多的,这其中有些句子出现的多,有些出现的少,有些不符合语法的句子出现的概率就非常低。一个概率学的语言模型,就是要对这些句子进行建模。

形式化地,将含有 n 个词的一个句子表示为:

$$\boldsymbol{Y} = \{y_1, y_2, \cdots, y_n\}$$

其中,y_i 为来自这门语言词汇表中的词。语言模型就是要对句子 $\boldsymbol{Y}$ 输出它在这门语言中出现的概率:

$$P(\boldsymbol{Y}) = P(y_1, y_2, \cdots, y_n)$$

对于一门语言,所有句子的概率是要归一化的。

$$\sum_Y P(\boldsymbol{Y}) = 1$$

由于一门语言中的句子是无穷无尽的,可想而知这个概率模型的参数是非常难以估计的。于是,人们把这个模型进行了分解:

$$P(y_1, y_2, \cdots, y_n) = P(y_1)P(y_2 \mid y_1)P(y_3 \mid y_1, y_2) \cdots P(y_n \mid y_1, y_2, \cdots, y_{n-1})$$

这样,就可以转而对 $P(y_t \mid y_1, y_2, \cdots, y_{t-1})$ 进行建模了。这个概率模型具有直观的语言学意义:给定一句话的前半部分,预测下一个词是什么。这种"下一个词预测"是非常自然和符合人类认知的,因为人们说话的时候都是按顺序从第一个词说到最后一个词,而后面的词是什么,在一定程度上取决于前面已经说出的词。

翻译,是将一门语言转换成另一门语言。在机器翻译中,被转换的语言称为源语言,转换后的语言称为目标语言。机器翻译模型在本质上也是一个概率学的语言模型。来观察一下上面建立的语言模型:

$$P(\boldsymbol{Y}) = P(y_1, y_2, \cdots, y_n)$$

假设 $\boldsymbol{Y}$ 是目标语言的一个句子,如果加入一个源语言的句子 $\boldsymbol{X}$ 作为条件,就会得到这样一个条件语言模型:

$$P(\boldsymbol{Y} \mid \boldsymbol{X}) = P(y_1, y_2, \cdots, y_n \mid \boldsymbol{X})$$

当然,这个概率模型也是不容易估计参数的。因此通常使用类似的方法进行分解:

$$P(y_1, y_2, \cdots, y_n \mid \boldsymbol{X}) = P(y_1 \mid \boldsymbol{X})P(y_2 \mid y_1, \boldsymbol{X})P(y_3 \mid y_1, y_2, \boldsymbol{X}) \cdots$$
$$P(y_n \mid y_1, y_2, \cdots, y_{n-1}, \boldsymbol{X})$$

于是,所得到的模型 $P(y_n \mid y_1, y_2, \cdots, y_{n-1}, \boldsymbol{X})$ 就又具有了易于理解的"下一个词预测"语言学意义:给定源语言的一句话,以及目标语言已经翻译出来的前半句话,预测下一个翻译出来的词。

以上提到的这些语言模型,对于长短不一的句子要统一处理,在早期不是一件容易的事情。为了简化模型和便于计算,人们提出了一些假设。尽管这些假设并不都十分符合人类的自然认知,但在当时看来确实能够有效地在建模效果和计算难度之间取得了微妙的平衡。

在这些假设当中,最为常用就是马尔可夫假设。在这个假设之下,"下一个词预测"只依赖于前面 n 个词,而不再依赖于整个长度不确定的前半句。假设 $n=3$,那么语言模型就将变成:

$$P(y_1, y_2, \cdots, y_t) = P(y_1)P(y_2 \mid y_1)P(y_3 \mid y_1, y_2) \cdots P(y_t \mid y_{t-2}, y_{t-1})$$

这就是著名的 n-gram 模型。

这种通过一定的假设来简化计算的方法,在神经网络的方法中仍然有所应用。例如,当神经网络的输入只能是固定长度的时候,就只能选取一个固定大小的窗口中的词来作为输入了。

其他一些传统统计学方法中的思想,在神经网络方法中也有所体现,本书不一一赘述。

8.2 基于多层感知机的架构

在梯度后向传播算法提出之后,多层感知机得以被有效训练。这种今天看来相当简单的由全连接层组成的网络,相比于传统的需要特征工程的统计方法却非常有效。在计算机视觉领域,由于图像可以被表示成为 RGB 或灰度的数值,输入神经网络的特征都具有良好的数学性质。而在自然语言方面,如何表示一个词就成了难题。人们在早期使用 0-1 向量表示词,例如,词汇表中有 30 000 个词,一个词就表示为一个维度为 30 000 的向量,其中,表示第 k 个词的向量的第 k 个维度是 1,其余全部是 0。可想而知,这样的稀疏特征输入神经网络中是很难训练的。神经网络方法在自然语言处理领域停滞不前。曙光出现在 2000 年 NIPS 的一篇论文中,第一作者是日后深度学习三巨头之一的 Bengio。在这篇论文中,Bengio 提出了分布式的词向量表示,有效地解决了词的稀疏特征问题,为后来神经网络方法在计算语言学中的应用奠定了第一块基石。这篇论文就是今日每位 NLP 入门学习者必读的: *A Neural Probabilistic Language Model*,尽管今天我们大多数人读到的都是它的 JMLR 版本。

根据论文的标题可知,Bengio 所要构建的是一个语言模型。假设还是沿用传统的基于马尔可夫假设的 n-gram 语言模型,怎样建立一个合适的神经网络架构来体现 $P(y_t \mid y_{t-n}, \cdots, y_{t-1})$ 这样一个概率模型呢? 神经网络究其本质,只不过是一个带参函数,假设以 $g(\cdot)$ 表示,那么这个概率模型就可以表示成

$$P(y_t \mid y_{t-n}, \cdots, y_{t-1}) = g(y_{t-n}, \cdots, y_{t-1}; \boldsymbol{\theta})$$

既然是这样,那么词向量也可以是神经网络参数的一部分,与整个神经网络一起进行训练,这样就可以使用一些低维度的、具有良好数学性质的词向量表示了。

在这篇论文中有一个词向量矩阵的概念。词向量矩阵 $\boldsymbol{C}$ 是与其他权值矩阵一样的神经网络中的一个可训练的组成部分。假设有 $|V|$ 个词,每个词的维度是 d,d 远远小于 $|V|$。那么这个词向量矩阵 $\boldsymbol{C}$ 的大小就是 $|V| \times d$。其中,第 k 行 $\boldsymbol{C}(k)$ 是一个维度是 d 的向量,用于表示第 k 个词。这种特征不像 0-1 向量那么稀疏,对于神经网络比较友好。

在 Bengio 的设计中,$y_{t-n}, \cdots, y_{t-1}$ 的信息是以词向量拼接的形式输入神经网络的,即

$$x = [\boldsymbol{C}(y_{t-n}); \cdots; \boldsymbol{C}(y_{t-1})]$$

而神经网络 $g(\cdot)$ 则采取了这样的形式:

$$g(x) = \text{softmax}(b_1 + Wx + U\tanh(b_2 + Hx))$$

神经网络的架构中包括线性 $b_1 + Wx$ 和非线性 $U\tanh(b_2 + Hx)$ 两个部分,使得线性部分可以在有必要的时候提供直接的连接。这种早期的设计有着今天残差连接和门限机制的影子。

这个神经网络架构(如图 8.1 所示)的语言学意义也非常直观：它实际上是模拟了 n-gram 的条件概率，给定一个固定大小窗口的上下文信息，预测下一个词的概率。这种自回归的"下一个词预测"从统计自然语言处理中被带到了神经网络方法中，并且一直是当今神经网络概率模型中最基本的假设。

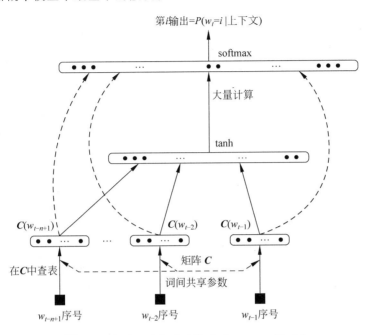

图 8.1 A Neural Probabilistic Language Model

8.3 基于循环神经网络的架构

早期的神经网络都有固定大小的输入，以及固定大小的输出。这在传统的分类问题上(特征向量维度固定)以及图像处理上(固定大小的图像)可以满足人们的需求。但是在自然语言处理中，句子是一个变长的序列，传统上固定输入的神经网络就无能为力了。8.2 节中的方法，就是牺牲了远距离的上下文信息，而只取固定大小窗口中的词。这无疑给更加准确的模型带来了限制。

为了处理这种变长序列的问题，神经网络就必须采取一种适合的架构，使得输入序列和输出序列的长度可以动态地变化，而又不改变神经网络中参数的个数(否则训练无法进行)。基于参数共享的思想，可以在时间线上共享参数。在这里，时间是一个抽象的概念，通常表示为时步(timestep)；例如，若一个以单词为单位的句子是一个时间序列，那么句子中第一个单词就是第一个时步，第二个单词就是第二个时步，以此类推。共享参数的作用不仅在于使得输入长度可以动态变化，还在于将一个序列各时步的信息关联起来，沿时间线向前传递。

这种神经网络架构，就是循环神经网络。本节将先阐述循环神经网络中的基本概念，然后介绍语言建模中循环神经网络的使用。

8.3.1 循环单元

沿时间线共享参数的一个很有效的方式就是使用循环,使得时间线递归地展开。形式化地可以表示如下:

$$h_t = f(h_{t-1}; \boldsymbol{\theta})$$

其中,$f(\cdot)$为循环单元(Recurrent Unit),$\boldsymbol{\theta}$为参数。为了在循环的每一时步都输入待处理序列中的一个元素,对循环单元做如下更改:

$$h_t = f(x_t, h_{t-1}; \boldsymbol{\theta})$$

h_t一般不直接作为网络的输出,而是作为隐藏层的节点,被称为隐单元。隐单元在时步t的具体取值成为在时步t的隐状态。隐状态通过线性或非线性的变换生成同样为长度可变的输出序列:

$$y_t = g(h_t)$$

这样的具有循环单元的神经网络被称为循环神经网络(Recurrent Neural Network,RNN)。将以上计算步骤画成计算图(如图 8.2 所示),可以看到,隐藏层节点有一条指向自己的箭头,代表循环单元。

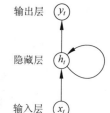

图 8.2 循环神经网络

将图 8.2 的循环展开(如图 8.3 所示),可以清楚地看到循环神经网络是如何以一个变长的序列$x_1, x_2, \cdots, x_n$为输入,并输出一个变长的序列$y_1, y_2, \cdots, y_n$。

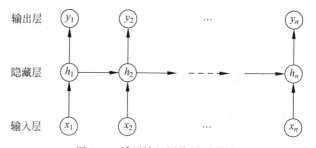

图 8.3 循环神经网络展开形式

8.3.2 通过时间后向传播

在 8.3.1 节中,循环单元$f(\cdot)$可以采取许多形式。其中最简单的形式就是使用线性变换:

$$h_t = \boldsymbol{W}_{xh} x_t + \boldsymbol{W}_{hh} h_{t-1} + b$$

其中,$\boldsymbol{W}_{xh}$是从输入x_t到隐状态h_t的权值矩阵,$\boldsymbol{W}_{hh}$是从前一个时步的隐状态h_{t-1}到当前时步隐状态h_t的权值矩阵,b是偏置。采用这种形式循环单元的循环神经网络被称为**平凡循环神经网络**(Vanilla RNN)。

在实际中很少使用平凡循环神经网络,这是由于它在误差后向传播的时候会出现梯度消失或梯度爆炸的问题。为了理解什么是梯度消失和梯度爆炸,先来看一下平凡循环神经网络的误差后向传播过程。

在图 8.4 中，E_t 表示时步 t 的输出 y_t 以某种损失函数计算出来的误差，s_t 表示时步 t 的隐状态。若需要计算 E_t 对 $\boldsymbol{W}_{hh}$ 的梯度，需要对每次循环展开时产生的隐状态应用链式法则，并把这些偏导数逐步相乘起来，这个过程（如图 8.4 所示）被称为通过时间后向传播（Backpropagation Through Time，BPTT）。形式化地，E_t 对 $\boldsymbol{W}_{hh}$ 的梯度计算如下：

$$\frac{\partial E_t}{\partial \boldsymbol{W}_{hh}} = \sum_{k=0}^{t} \frac{\partial E_t}{\partial y_t} \frac{\partial y_t}{\partial s_t} \left(\prod_{i=k}^{t-1} \frac{\partial s_{i+1}}{\partial s_i} \right) \frac{\partial s_k}{\partial \boldsymbol{W}_{hh}}$$

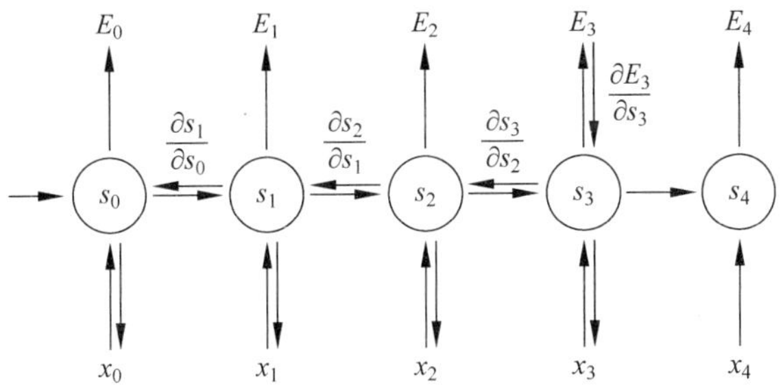

图 8.4 通过时间后向传播（BPTT）

（图片来源：http://www.wildml.com/2015/10/recurrent-neural-networks-tutorial-part-3-backpropagation-through-time-and-vanishing-gradients/）

我们注意到式中有一项连乘，这意味着当序列较长的时候相乘的偏导数个数将变得非常多。有些时候，一旦所有的偏导数都小于 1，那么相乘之后梯度将会趋向 0，这被称为梯度消失（Vanishing Gradient）；一旦所有偏导数都大于 1，那么相乘之后梯度将会趋向无穷，这被称为梯度爆炸（Exploding Gradient）。

梯度消失与梯度爆炸的问题解决一般有两类办法：一是改进优化（optimization）过程，如引入缩放梯度（clipping gradient），属于优化问题，本章不予讨论；二是使用带有门限的循环单元，在 8.3.3 节中将介绍这种方法。

8.3.3 带有门限的循环单元

在循环单元中引入门限，除了解决梯度消失和梯度爆炸的问题以外，最重要的原因是为了解决长距离信息传递的问题。设想要把一个句子编码到循环神经网络的最后一个隐状态里，如果没有特别的机制，离句末越远的单词信息损失一定是最大的。为了保留必要的信息，可以在循环神经网络中引入门限。门限相当于一种可变的短路机制，使得有用的信息可以"跳过"一些时步，直接传到后面的隐状态；同时由于这种短路机制的存在，使得误差后向传播的时候得以直接通过短路传回来，避免了在传播过程中爆炸或消失。

LSTM 最早出现的门限机制是 Hochreiter 等人于 1997 年提出的长短时记忆（Long Short-Term Memory，LSTM）。LSTM 中显式地在每一时步 t 引入了记忆 c_t，并使用输入门限 i、遗忘门限 f、输出门限 o 来控制信息的传递。LSTM 循环单元 $h_t = \text{LSTM}(h_{t-1}, c_{t-1}, x_t; \boldsymbol{\theta})$ 表示如下：

$$h_t = o \odot \tanh(c_t)$$

$$c_t = i \odot g + f \odot c_{t-1}$$

其中，$\odot$ 表示逐元素相乘。输入门限 i，遗忘门限 f，输出门限 o，候选记忆 g 分别为：

$$i = \sigma(W_I h_{t-1} + U_I x_t)$$
$$f = \sigma(W_F h_{t-1} + U_F x_t)$$
$$o = \sigma(W_O h_{t-1} + U_O x_t)$$
$$g = \tanh(W_G h_{t-1} + U_G x_t)$$

直觉上，这些门限可以控制向新的隐状态中添加多少新的信息，以及遗忘多少旧隐状态的信息，使得重要的信息得以传播到最后一个隐状态。

GRU Cho 等人在 2014 年提出了一种新的循环单元，其思想是不再显式地保留一个记忆，而是使用线性插值的办法自动调整添加多少新信息和遗忘多少旧信息。这种循环单元称为**门限循环单元**(Gated Recurrent Unit，GRU)。$h_t = \mathrm{GRU}(h_{t-1}, x_t; \boldsymbol{\theta})$ 表示如下。

$$h_t = (1 - z_t) \odot h_{t-1} + z_t \odot \tilde{h}_t$$

其中，更新门限 z_t 和候选状态 $\tilde{h}_t$ 的计算如下。

$$z_t = \sigma(W_Z x_t + U_Z h_{t-1})$$
$$\tilde{h}_t = \tanh(W_H x_t + U_H (r \odot h_{t-1}))$$

其中，r 为重置门限，计算如下。

$$r = \sigma(W_R x_t + U_R h_{t-1})$$

GRU 达到了与 LSTM 类似的效果，但是由于不需要保存记忆，因此稍微节省内存空间，但总的来说 GRU 与 LSTM 在实践中并无实质性差别。

8.3.4 循环神经网络语言模型

由于循环神经网络能够处理变长的序列，所以它非常适合处理语言建模的问题。Mikolov 等人在 2010 年提出了基于循环神经网络的语言模型 RNNLM，这就是本章要介绍的第二篇经典论文：*Recurrent neural network based language model*。

在 RNNLM 中，核心的网络架构是一个平凡循环神经网络。其输入层 $\boldsymbol{x}(t)$ 为当前词词向量 $\boldsymbol{w}(t)$ 与隐藏层的前一时步隐状态 $s(t-1)$ 的拼接：

$$\boldsymbol{x}(t) = [\boldsymbol{w}(t); s(t-1)]$$

隐状态的更新是通过将输入向量 $\boldsymbol{x}(t)$ 与权值矩阵相乘，然后进行非线性转换完成的。

$$s(t) = f(\boldsymbol{x}(t) \cdot \boldsymbol{u})$$

实际上，将多个输入向量进行拼接然后乘以权值矩阵等效于将多个输入向量分别与小的权值矩阵相乘，因此这里的循环单元仍是 8.3.2 节中介绍的平凡循环单元。

更新了隐状态之后，就可以将这个隐状态再次做非线性变换，输出一个在词汇表上归一化的分布。例如，词汇表的大小为 k，隐状态的维度为 h，那么可以使用一个大小为 $h \times k$ 的矩阵 $\boldsymbol{v}$ 乘以隐状态做线性变换，使其维度变为 k，然后使用 softmax() 函数使得这个 k

维的向量归一化：

$$y(t) = \mathrm{softmax}(s(t) \cdot \boldsymbol{v})$$

这样，词汇表中的第 i 个词是下一个词的概率就是

$$P(w_t = i \mid w_1, w_2, \cdots, w_{t-1}) = y_i(t)$$

在这个概率模型的条件里，包含整个前半句 $w_1, w_2, \cdots, w_{t-1}$ 的所有上下文信息。这克服了之前由马尔可夫假设所带来的限制，因此该模型带来了较大的提升。而相比于模型效果上的提升，更为重要的是循环神经网络在语言模型上的成功应用，让人们看到了神经网络在计算语言学中的曙光，从此之后，计算语言学的学术会议以惊人的速度被神经网络方法占领。

8.3.5 神经机器翻译

循环神经网络在语言建模上的成功应用，启发着人们探索将循环神经网络应用于其他任务的可能性。在众多自然语言处理任务中，与语言建模最相似的就是机器翻译。而将一个语言模型改造为机器翻译模型，人们需要解决的一个问题就是如何将来自源语言的条件概率体现在神经网络架构中。

当时主流的统计机器翻译中的噪声通道模型也许给了研究者们一些启发：如果用一个基于循环神经网络的语言模型给源语言编码，然后用另一个基于循环神经网络的目标端语言模型进行解码，是否可以将这种条件概率表现出来呢？然而如何设计才能将源端编码的信息加入目标端语言模型的条件，答案并不显而易见。我们无从得知神经机器翻译的经典编码器-解码器模型是如何设计得如此自然、简洁，而又效果突出，但这背后一定离不开无数次对各种模型架构的尝试。

2014 年的 EMNLP 上出现了一篇论文：*Learning Phrase Representations using RNN Encoder-Decoder for Statistical Machine Translation*，是经典的 RNNSearch 模型架构的前身。在这篇论文中，源语言端和目标语言端的两个循环神经网络是由一个"上下文向量" c 联系起来的。

还记得 8.3.4 节中提到的循环神经网络语言模型吗？如果将所有权值矩阵和向量简略为 $\boldsymbol{\theta}$，所有线性及非线性变换简略为 $g(\cdot)$，那么它就具有这样的形式：

$$P(y_t \mid y_1, y_2, \cdots, y_{t-1}) = g(y_{t-1}, s_t; \boldsymbol{\theta})$$

如果在条件概率中加入源语言句子成为翻译模型 $P(y_t | y_1, y_2, \cdots, y_{t-1} | x_1, x_2, \cdots, x_n)$，神经网络中对应地就应该加入代表 $x_1, x_2, \cdots, x_n$ 的信息。这种信息如果用一个定长向量 c 表示的话，模型就变成了 $g(y_{t-1}, s_{t-1}, c; \boldsymbol{\theta})$，这样就可以把源语言的信息在网络架构中表达出来了。

可是一个定长的向量 c 又怎么才能包含源语言一个句子的所有信息呢？循环神经网络天然地提供了这样的机制：这个句子如果像语言模型一样逐词输入循环神经网络中，就会不断更新隐状态，隐状态中实际上就包含所有输入过的词的信息。到整个句子输入完成，得到的最后一个隐状态就可以用于表示整个句子。

基于这个思想，Cho 等人设计出了最基本的编码器-解码器模型（如图 8.5 所示）。所谓编码器，就是一个将源语言句子编码的循环神经网络：

$$h_t = f(x_t, h_{t-1})$$

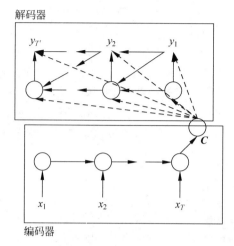

图 8.5　编码器-解码器架构

（图片来源：*Learning Phrase Representations using RNN Encoder-Decoder for Statistical Machine Translation*）

其中，$f(\cdot)$是8.3.3节中介绍的门限循环神经网络，x_t是源语言的当前词，h_{t-1}是编码器的前一个隐状态。当整个长度为m的句子结束，就将得到的最后一个隐状态作为上下文向量：

$$c = h_m$$

解码器一端也是一个类似的网络：

$$s_t = g(y_{t-1}, s_{t-1})$$

其中，$g(\cdot)$是与$f(\cdot)$具有相同形式的门限循环神经网络，y_{t-1}是前一个目标语言的词，s_{t-1}是前一个解码器隐状态。更新解码器的隐状态之后，就可以预测目标语言句子的下一个词：

$$P(y = y_t \mid y_1, y_2, \cdots, y_{t-1}) = \text{softmax}(y_t, s_t, c)$$

这种方法打开了双语/多语任务上神经网络架构的新思路，但是其局限也是非常突出的：一个句子不管多长，都被强行压缩到一个固定不变的向量上。可想而知，源语言句子越长，压缩过程丢失的信息就越多。事实上，当这个模型处理20词以上的句子时，模型效果就迅速退化。此外，越靠近句子末端的词，进入上下文向量的信息就越多，而越前面的词，其信息就越加被模糊和淡化。这是不合理的，因为在产生目标语言句子的不同部分时，需要来自源语言句子不同部分的信息，而并不是只盯着源语言句子最后几个词看。

这时候，人们想起了统计机器翻译中一个非常重要的概念——词对齐模型。能不能在神经机器翻译中也引入类似的词对齐的机制呢？如果可以，在翻译的时候就可以选择性地加入只包含某一部分词信息的上下文向量，这样一来就避免了将整句话压缩到一个向量的信息损失，而且可以动态地调整所需要的源语言信息。

统计机器翻译中的词对齐是一个二元的、离散的概念，即源语言词与目标语言词要么对齐，要么不对齐（尽管这种对齐是多对多的关系）。但是正如本章开头提到的那样,神经网络是一个处理连续浮点值的函数,词对齐需要经过一定的变通才能结合到神经网络中。

2014 年刚在 EMNLP 发表编码器-解码器论文的 Cho 和 Bengio,和当时 MILA 实验室的博士生 Bahdanau 紧接着就提出了一个至今看来让人叹为观止的精巧设计——软性词对齐模型,并给了它一个日后人们耳熟能详的名字——注意力机制。

这篇描述加入了注意力机制的编码器-解码器神经网络机器翻译的论文以 *Neural Machine Translation by Jointly Learning to Align and Translate* 的标题发表在 2015 年 ICLR 上,成为一篇划时代的论文——统计机器翻译的时代宣告结束,此后尽是神经机器翻译的天下。这就是本章所要介绍的第三篇经典论文。

相对于 EMNLP 的编码器-解码器架构,这篇论文对模型最关键的更改在于上下文向量。它不再是一个解码时每一步都相同的向量 c,而是每一步都根据注意力机制来调整的动态上下文向量 c_t。

注意力机制,顾名思义,就是一个目标语言词对于一个源语言词的注意力。这个注意力是用一个浮点数值来量化的,并且是归一化的,也就是说,对于源语言句子的所有词的注意力加起来等于 1。

那么在解码进行到第 t 个词的时候,怎么来计算目标语言词 y_t 对源语言句子第 k 个词的注意力呢?方法很多,可以用点积、线性组合,等等。以线性组合为例:

$$Ws_{t-1} + Uh_k$$

加上一些变换,就得到一个注意力分数:

$$e_{t,k} = \boldsymbol{v}\tanh(Ws_{t-1} + Uh_k)$$

然后通过 softmax() 函数将这个注意力分数归一化:

$$a_t = \text{softmax}(e_t)$$

于是,这个归一化的注意力分数就可以作为权值,将编码器的隐状态加权求和,得到第 t 时步的动态上下文向量:

$$\boldsymbol{c}_t = \sum_k a_{t,k} h_k$$

这样,注意力机制就自然地被结合到了解码器中:

$$P(y = y_t \mid y_1, y_2, \cdots, y_{t-1}) = \text{softmax}(y_t, s_t, c_t)$$

之所以说这是一种软性的词对齐模型,是因为可以认为目标语言的词不再是 100% 或 0% 对齐到某个源语言词上,而是以一定的比例,例如 60% 对齐到这个词上,40% 对齐到那个词上,这个比例就是所说的归一化的注意力分数。

这个基于注意力机制的编码器-解码器模型(如图 8.6 所示),不只适用于机器翻译任务,还普遍地适用于从一个序列到另一个序列的转换任务。例如,在文本摘要中,可以认为是把一段文字"翻译"成较短的摘要,诸如此类。因此,作者给它起的本名 RNNSearch 在机器翻译以外的领域并不广为人知,而是被称为 Seq2Seq(Sequence-to-Sequence,序列到序列)。

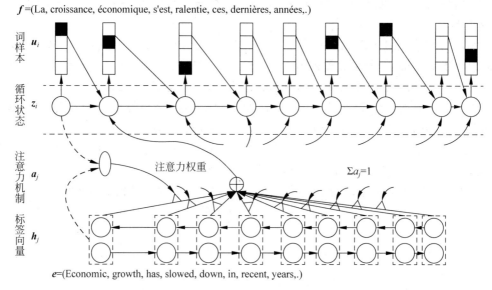

图 8.6　RNNSearch 中的注意力机制

（图片来源：https://devblogs.nvidia.com/introduction-neural-machine-translation-gpus-part-3/）

8.4　基于卷积神经网络的架构

虽然卷积神经网络一直没能成为自然语言处理领域的主流网络架构，但一些基于卷积神经网络的架构也曾经被探索和关注过。这里简单地介绍一个例子——卷积序列到序列（ConvSeq2Seq）。

很长一段时间里，循环神经网络都是自然语言处理领域的主流框架：它自然地符合了序列处理的特点，而且积累了多年以来探索的训练技巧，使得总体效果不错。但它的弱点也是显而易见的：循环神经网络中，下一时步的隐状态总是取决于上一时步的隐状态，这就使得计算无法并行化，而只能逐时步地按顺序计算。

在这样的背景之下，人们提出了使用卷积神经网络来替代编码器-解码器架构中的循环单元，使得整个序列可以同时被计算。但是，这样的方案也有它固有的问题：首先，卷积神经网络只能捕捉到固定大小窗口的上下文信息，这与想要捕捉序列中长距离依赖关系的初衷背道而驰；其次，循环依赖被取消后，如何在建模中捕捉词与词之间的顺序关系也是一个不能绕开的问题。

在 *Convolutional Sequence to Sequence Learning* 一文中，作者通过网络架构上巧妙的设计，缓解了上述两个问题。首先，在词向量的基础上加入一个位置向量，以此让网络知道词与词之间的顺序关系。对于固定窗口的限制，作者指出，如果把多个卷积层叠加在一起，那么有效的上下文窗口就会大大增加——例如，原本的左右两边的上下文窗口都是 5，如果两层卷积叠加到一起的话，第 2 个卷积层第 t 个位置的隐状态就可以通过卷积接收到来自第 1 个卷积层第 $t+5$ 个位置隐状态的信息，而第 1 个卷积层第 $t+5$ 个位置的隐状态又可以通过卷积接收到来自输入层第 $t+10$ 个位置的词向量信息。这样当多个卷

积层叠加起来之后,有效的上下文窗口就不再局限于一定的范围了。网络结构如图 8.7
所示。

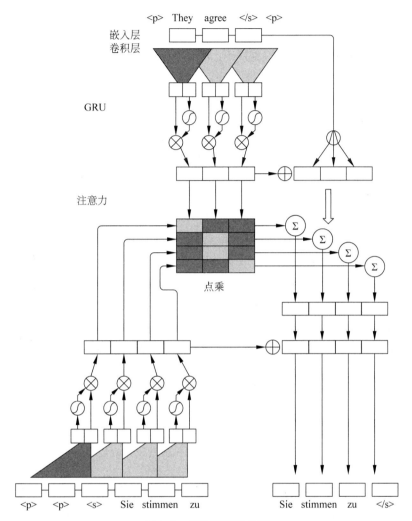

图 8.7　卷积序列到序列

(图片来源:*Convolutional Sequence to Sequence Learning*)

整体网络架构仍旧采用带有注意力机制的编码器-解码器架构。

输入:网络的输入为词向量与位置向量的逐元素相加。在这里,词向量与位置向量
都是网络中可训练的参数。

卷积与非线性变换单元:在编码器和解码器中,卷积层与非线性变换组成的单元多
层叠加。在一个单元中,卷积首先将上一层的输入投射成为维度两倍于输入的特征,然后
将这个特征矩阵切分成两份 $Y=[AB]$。B 被用于计算门限,以控制 A 流向下一层的
信息:

$$v([AB]) = A \odot \sigma(B)$$

其中,$\odot$ 表示逐元素相乘。

多步注意力：与 RNNSearch 的注意力稍有不同，这里的多步注意力计算的是解码器状态对于编码器状态＋输入向量的注意力（而不仅是对编码器状态的注意力）。这使得来自底层的输入信息可以直接被注意力获得。

8.5 基于 Transformer 的架构

2014—2017 年，基于循环神经网络的 Seq2Seq 在机器翻译以及其他序列任务上占据了绝对的主导地位，编码器-解码器架构以及注意力机制的各种变体被研究者反复探索。尽管循环神经网络不能并行计算是一个固有的限制，但似乎一些对于可以并行计算的网络架构的探索并没有取得在模型效果上特别显著的提升（例如 8.4 节所提及的 ConvSeq2Seq）。

卷积神经网络在效果上总体比不过循环神经网络是有原因的：不管怎样设计卷积单元，它所吸收的信息永远是来自一个固定大小的窗口。这就使得研究者陷入了两难的尴尬境地：循环神经网络缺乏并行能力，卷积神经网络不能很好地处理变长的序列。

让我们回到最初的多层感知机时代：多层感知机对于各神经元是并行计算的。但是那个时候，多层感知机对句子进行编码效果不理想的原因如下。

（1）如果所有的词向量都共享一个权值矩阵，那么就无从知道词之间的位置关系。

（2）如果给每个位置的词向量使用不同的权值矩阵，由于全连接的神经网络只能接受固定长度的输入，这就导致了 8.2 节中所提到的语言模型只能取固定大小窗口里的词作为输入。

（3）全连接层的矩阵相乘计算开销非常大。

（4）全连接层有梯度消失/梯度爆炸的问题，使得网络难以训练，在深层网络中抽取特征的效果也不理想。

（5）随着深度神经网络火速发展了几年，各种方法和技巧都被开发和探索，使得上述问题被逐一解决。

ConvSeq2Seq 中的位置向量为表示词的位置关系提供了可并行化的可能性：从前只能依赖于循环神经网络按顺序展开的时步来捕捉词的顺序，现在由于有了不依赖于前一个时步的位置向量，就可以并行地计算所有时步的表示而不丢失位置信息；注意力机制的出现，使得变长的序列可以根据注意力权重来对序列中的元素加权平均，得到一个定长的向量；而这样的加权平均又比简单的算术平均能保留更多的信息，最大程度上避免了压缩所带来的信息损失。

由于一个序列通过注意力机制可以被有效地压缩成为一个向量，在进行线性变换的时候，矩阵相乘的计算量就大大减少了。

在横向（沿时步展开的方向）上，循环单元中的门限机制有效地缓解了梯度消失以及梯度爆炸的问题；在纵向（隐藏层叠加的方向）上，计算机视觉中的残差连接网络提供了非常好的解决思路，使得深层网络叠加后的训练成为可能。

于是，在 2017 年年中的时候，Google 在 NIPS 上发表的一篇思路大胆、效果突出的论文，翻开了自然语言处理的新一页。这篇论文就是本章要介绍的最后一篇划时代的经典论文：*Attention Is All You Need*。这篇文章发表后不到一年时间里,曾经如日中天的各种循环神经网络模型悄然淡出,基于 Transformer 架构的模型横扫各项自然语言处理任务。

在这篇论文中,作者提出了一种全新的神经机器翻译网络架构——Transformer。它仍然沿袭了 RNNSearch 中的编码器-解码器框架。只是这一次,所有的循环单元都被取消了,取而代之的是可以并行的 Transformer 编码器单元/解码器单元。

这样一来,模型中就没有了循环连接,每一个单元的计算就不需要依赖于前一个时步的单元,于是代表这个句子中每一个词的编码器/解码器单元理论上都可以同时计算。可想而知,这个模型在计算效率上能比循环神经网络快一个数量级。

但是需要特别说明的是,由于机器翻译这个概率模型仍是自回归的,即翻译出来的下一个词还是取决于前面翻译出来的词:

$$P(y_t \mid y_1, y_2, \cdots, y_{t-1})$$

因此,虽然编码器在训练、解码的阶段,以及解码器在训练阶段可以并行计算,解码器在解码阶段的计算仍然要逐词进行解码。但即便是这样,计算的速度已经大大增加。

下面将先详细介绍 Transformer 各部件的组成及设计,然后讲解组装起来后的Transformer 如何工作。

8.5.1　多头注意力

正如这篇论文的名字所体现的,注意力在整个 Transformer 架构中处于核心地位。

在 8.3.5 节中,注意力一开始被引入神经机器翻译是以软性词对齐机制的形式。对于注意力机制一个比较直观的解释是:某个目标语言词对于每一个源语言词具有多少注意力。如果把这种注意力的思想抽象一下,就会发现其实可以把这个注意力的计算过程当成一个查询的过程:假设有一个由一些键-值对组成的映射,给出一个查询,根据这个查询与每个键的关系,得到每个值应得到的权重,然后把这些值加权平均。在RNNSearch 的注意力机制中,查询就是这个目标词,键和值是相同的,是源语言句子中的词。

如果查询、键、值都相同呢? 直观地说,就是一个句子中的词对于句子中其他词的注意力。在 Transformer 中,这就是自注意力机制。这种自注意力可以用来对源语言句子进行编码,由于每个位置的词作为查询时,查到的结果是这个句子中所有词的加权平均结果,因此这个结果向量中不仅包含它本身的信息,还含有它与其他词的关系信息。这样就具有了和循环神经网络类似的效果——捕捉句子中词的依赖关系。它甚至比循环神经网络在捕捉长距离依赖关系中做得更好,因为句中的每一个词都有和其他所有词直接连接的机会,而循环神经网络中距离远的两个词之间只能隔着许多时步传递信号,每一个时步都会减弱这个信号。

形式化地,如果用 Q 表示查询,K 表示键,V 表示值,那么注意力机制无非就是关于它们的一个函数:

$$\text{Attention}(Q, K, V)$$

在 RNNSearch 中,这个函数具有的形式是:

$$\text{Attention}(Q,K,V) = \text{softmax}([\boldsymbol{v}\tanh(WQ+UK)]^{\text{T}}V)$$

也就是说,查询与键中的信息以线性组合的形式进行了互动。

那么其他的形式是否会有更好的效果呢?在实验中,研究人员发现简单的点积比线性组合更为有效,即

$$QK^{\text{T}}$$

不仅如此,矩阵乘法可以在实现上更容易优化,使得计算可以加速,并且也更加节省空间。但是点积带来了新的问题:由于隐藏层的向量维度 d_k 很高,点积会得到比较大的数字,这使得 softmax() 函数的梯度变得非常小。在实验中,研究人员把点积进行放缩,乘以一个因子 $\dfrac{1}{\sqrt{d_k}}$,有效地缓解了这个问题:

$$\text{Attention}(Q,K,V) = \text{softmax}()$$

到目前为止,注意力机制计算出来的只有一组权重。可是语言是一种高度抽象的表达系统,包含着各种不同层次和不同方面的信息,同一个词也许在不同层次上就应该具有不同的权重。怎样来抽取这种不同层次的信息呢? Transformer 有一个非常精巧的设计——多头注意力,其结构如图 8.8 所示。

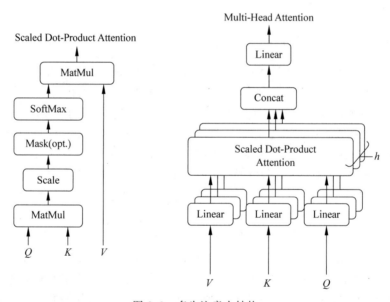

图 8.8　多头注意力结构

(图片来源:*Attention is All You Need*)

多头注意力首先使用 n 个权值矩阵把查询、键、值分别进行线性变换,得到 n 套这样的键值查询系统,然后分别进行查询。由于权值矩阵是不同的,每一套键值查询系统计算出来的注意力权重就不同,这就是所谓的多个"注意力头"。最后,在每套系统中分别进行我们所熟悉的加权平均,然后在每个词的位置上把所有注意力头得到的加权平均向量拼接起来,得到总的查询结果。

在 Transformer 的架构中,编码器单元和解码器单元各有一个基于多头注意力的自

注意力层,用于捕捉一种语言的句子内部词与词之间的关系。如前文所述,这种自注意力中查询、键、值是相同的。我们留意到,在目标语言一端,由于解码是逐词进行的,自注意力不可能注意到当前词之后的词,因此解码器端的注意力只注意当前词之前的词,这在训练阶段是通过掩码机制实现的。

而在解码器单元中,由于是目标语言端,它需要来自源语言端的信息,因此还有一个解码器对编码器的注意力层,其作用类似于 RNNSearch 中的注意力机制。

8.5.2 非参位置编码

在 ConvSeq2Seq 中,作者引入了位置向量来捕捉词与词之间的位置关系。这种位置向量与词向量类似,都是网络中的参数,是在训练中得到的。

但是这种将位置向量参数化的做法的短处也非常明显。我们知道句子都是长短不一的,假设大部分句子至少有 5 个词以上,只有少部分句子超过 50 个词,那么第 1~5 个位置的位置向量训练样例就非常多,第 51 个词之后的位置向量可能在整个语料库中都见不到几个训练样例。这也就是说,越往后的位置有词的概率越低,训练就越不充分。由于位置向量本身是参数,数量是有限的,因此超出最后一个位置的词无法获得位置向量。例如训练的时候,最长句子长度设置为 100,那么就只有 100 个位置向量,如果在翻译中遇到长度是 100 以上的句子就只能截断了。

在 Transformer 中,作者使用了一种非参的位置编码。没有参数,位置信息是怎么编码到向量中的呢? 这种位置编码借助于正弦函数和余弦函数天然含有的时间信息。这样一来,位置编码本身不需要有可调整的参数,而是上层的网络参数在训练中调整适应于位置编码,所以就避免了越往后位置向量训练样本越少的困境。同时,任何长度的句子都可以被很好地处理。另外,由于正弦函数和余弦函数都是周期循环的,位置编码实际上捕捉到的是一种相对位置信息,而非绝对位置信息,这与自然语言的特点非常契合。

Transformer 的第 p 个位置的位置编码是一个这样的函数:

$$\text{PE}(p, 2i) = \sin(p/10\,000^{2i/d})$$
$$\text{PE}(p, 2i+1) = \cos(p/10\,000^{2i/d})$$

其中,$2i$ 和 $2i+1$ 分别是位置编码的第奇数个维度和第偶数个维度,d 是词向量的维度,这个维度等同于位置编码的维度,这样位置编码就可以和词向量直接相加。

8.5.3 编码器单元与解码器单元

在 Transformer 中,每个词都会被堆叠起来的一些编码器单元所编码。Transformer 的结构如图 8.9 所示,一个编码器单元中有两层,第一层是多头的自注意力层,第二层是全连接层,每一层都加上了残差连接和层归一化。这是一个非常精巧的设计,注意力+全连接的组合给特征抽取提供了足够的自由度,而残差连接和层归一化又让网络参数更加容易训练。

编码器就是由许许多多这样相同的编码器单元所组成:每个位置都有一个编码器单元栈,编码器单元栈中都是多个编码器单元堆叠而成。在训练和解码的时候,所有位置上编码器单元栈并行计算,相比于循环神经网络而言大大提高了编码的速度。

解码器单元也具有与编码器单元类似的结构。所不同的是,解码器单元比编码器单元多了一个解码器对编码器注意力层。另一个不同之处是解码器单元中的自注意力层加入了掩码机制,使得前面的位置不能注意后面的位置。

与编码器相同,解码器也是由包含堆叠的解码器单元栈所组成。训练的时候所有的解码器单元栈都可以并行计算,而解码的时候则按照位置顺序执行。

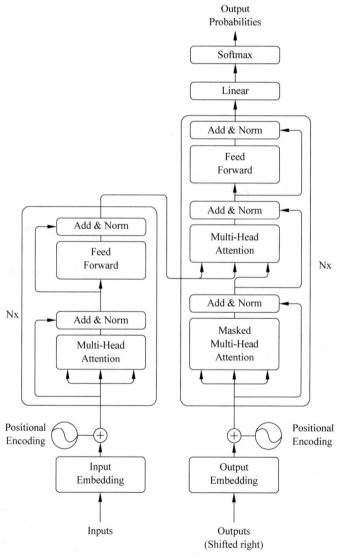

图 8.9   Transformer 整体架构

(图片来源:*Attention is All You Need*)

8.6　表示学习与预训练技术

在计算机视觉领域,一个常用的提升训练数据效率的方法就是通过把一些在 ImageNet 或其他任务上预训练好的神经网络层共享应用到目标任务上,这些被共享的网络层被称为 backbone。使用预训练的好处在于,如果某项任务的数据非常少,但它和其他任务有相似之处,就可以利用在其他任务中学习到的知识,从而减少对某一任务专用标注数据的需求。这种共享的知识往往是某种通用的常识,例如,在计算机视觉的网络模型中,研究者们从可视化的各层共享网络中分别发现了不同的特征表示,这是因为不管是什么任务,要处理的对象总是图像,总是有非常多可以共享的特征表示。

研究者们也想把这种预训练的思想应用在自然语言处理中。自然语言中也有许多可以共享的特征表示。例如,无论用哪个领域训练的语料,一些基础词汇的含义总是相似的,语法结构总是大多相同的,那么目标领域的模型就只需要在预训练好的特征表示的基础上针对目标任务或目标领域进行少量数据训练,即可达到良好效果。这种抽取可共享特征表示的机器学习算法被称为表示学习。由于神经网络本身就是一个强大的特征抽取工具,因此不管在自然语言还是在视觉领域,神经网络都是进行表示学习的有效工具。本节将简要介绍基于自然语言处理中基于前面提到的各种网络架构所进行的表示学习与预训练技术。

8.6.1　词向量

自然语言中,一个比较直观的、规模适合计算机处理的语言单位就是词。因此非常自然地,如果词的语言特征能在各任务上共享,这将是一个通用的特征表示。因此词嵌入(Word Embedding)至今都是一个在自然处理领域重要的概念。

在早期的研究中,词向量往往是通过在大规模单语语料上预训练一些语言模型得到的;而这些预训练好的词向量通常被用来初始化一些数据稀少的任务的模型中的词向量,这种利用预训练词向量初始化的做法在词性标注、语法分析,乃至句子分类中都有着明显的效果提升作用。

早期的一个典型的预训练词向量代表就是 word2vec。word2vec 的网络架构是 8.2 节中介绍的基于多层感知机的架构,本质上都是通过一个上下文窗口的词来预测某一个位置的词,它们的特点是局限于全连接网络的固定维度限制,只能得到固定大小的上下文。

word2vec 的预训练方法主要依赖于语言模型。它的预训练主要基于两种思想:第一种是通过上下文(例如句子中某个位置前几个词和后几个词)来预测当前位置的词,这种方法被称为 Contiuous Bag-of-Words(CBOW),其结构如图 8.10 所示;第二种方法是通过当前词来预测上下文,被称为 Skip-gram,其结构如图 8.11 所示。

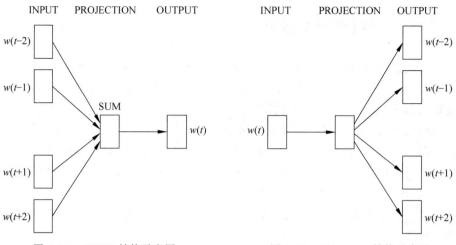

图 8.10 CBOW 结构示意图 　　　　　　　　图 8.11 Skip-gram 结构示意图

　　这种预训练技术被证明是有效的：一方面，使用 word2vec 作为其他语言任务的词嵌入初始化成为一项通用的技巧；另一方面，word2vec 词向量的可视化结果表明，它确实学习到了某种层次的语义（例如图 8.12 中的国家-首都关系）。

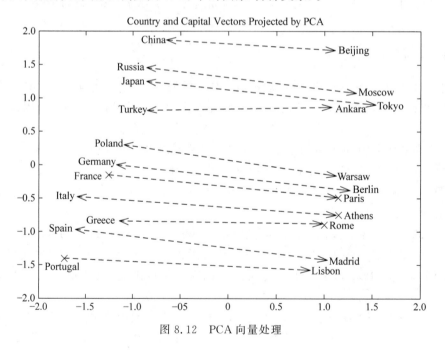

图 8.12 PCA 向量处理

8.6.2　加入上下文信息的特征表示

　　8.6.1 节中的特征表示有两个明显的不足：首先，它局限于某个词的有限大小窗口中的上下文，这限制了它捕捉长距离依赖关系的能力；其次，它的每个词向量都是在预训练之后就被冻结了的，而不会根据使用时的上下文改变，而自然语言一个非常常见的特征就是多义词。

8.3 节中提到,加入长距离上下文信息的一个有效办法就是基于循环神经网络的架构;如果利用这个架构在下游任务中根据上下文实时生成特征表示,那么就可以在相当程度上缓解多义词的局限。在这种思想下利用循环神经网络来获得动态上下文的工作不少,例如 CoVe,Context2Vec,ULMFiT 等。其中较为简捷有效而又具有代表性的就是 ElMo。

循环神经网络使用的一个常见技巧就是双向循环单元:包括 ElMo 在内的这些模型都采取了双向的循环神经网络(BiLSTM 或 BiGRU),通过将一个位置的正向和反向的循环单元状态拼接起来,可以得到这个位置的词的带有上下文的词向量(Context-aware)。ElMo 的结构如图 8.13 所示。循环神经网络使用的另一个常见技巧就是网络层叠加,下一层的网络输出作为上一层的网络输入,或者所有下层网络的输出作为上一层网络的输入,这样做可以使重要的下层特征易于传到上层。

除了把双向多层循环神经网络利用到极致以外,ElMo 相比于早期的词向量方法还有其他关键改进。

首先,它除了在大规模单语语料上训练语言模型的任务以外,还加入了其他的训练任务用于调优(fine-tuning)。这使得预训练中捕捉到的语言特征更为全面,层次更为丰富。

其次,相比于 word2vec 的静态词向量,它采取了动态生成的办法:下游任务的序列先拿到预训练好的 ElMo 中跑一遍,然后取到 ElMo 里各层循环神经网络的状态拼接在一起,最后才喂给下游任务的网络架构。这样虽然开销大,但下游任务得到的输入就是带有丰富的动态上下文的词特征表示,而不再是静态的词向量。

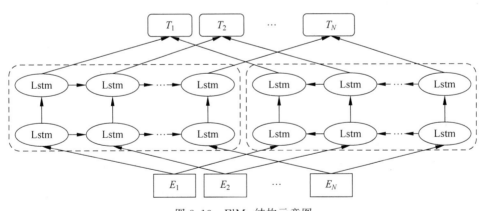

图 8.13 ElMo 结构示意图

8.6.3 网络预训练

前面所介绍的预训练技术主要思想还是特征抽取(Feature Extraction),通过使用更为合理和强大的特征抽取器,尽可能使抽取到的每个词的特征变深(多层次的信息)和变宽(长距离依赖信息),然后将这些特征作为下游任务的输入。

那么是否可以像计算机视觉中的"backbone"那样,不仅局限于抽取特征,还将抽取特征的"backbone"网络层整体应用于下游任务呢?答案是肯定的。8.5节中介绍的Transformer网络架构的诞生,使得各种不同任务都可以非常灵活地被一个通用的架构建模:可以把所有自然语言处理任务的输入都看成序列。如图 8.14 所示,只要在序列的特定位置加入特殊符号,由于 Transformer 具有等长序列到序列的特点,并且经过多层叠加之后序列中各位置信息可以充分交换和推理,特殊符号处的顶层输出可以被看作包含整个序列(或多个序列)的特征,用于各项任务。例如句子分类,就只需要在句首加入一个特殊符号"cls",经过多层 Transformer 叠加之后,句子的分类信息收集到句首"cls"对应的特征向量中,这个特征向量就可以通过仿射变换然后正则化,得到分类概率。多句分类、序列标注也是类似的方法。

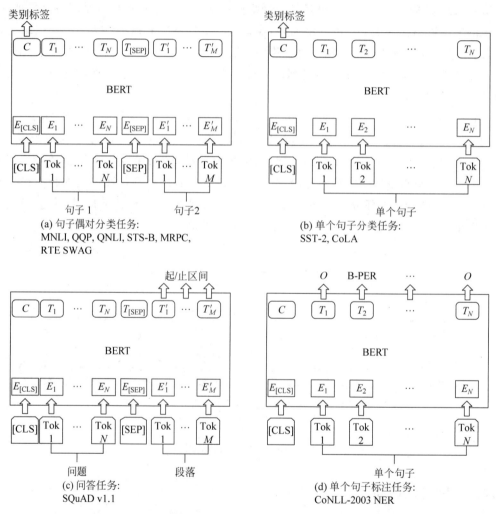

图 8.14 Transformer 通过在序列中加入特殊符号将所有自然语言任务的输入用序列表示

(图片来源:*Bi-directional Encoder Representations from Transformer*)

Transformer 这种灵活的结构使得它除了顶层的激活层网络以外,下层所有网络可以被多种不同的下游任务共用。举一个也许不太恰当的比喻,它就像图像任务中的 ResNet 等"backbone"一样,作为语言任务的"backbone"在大规模高质量的语料上训练好之后,或通过 Fine-tune,或通过 Adapter 方法,直接被下游任务所使用。这种网络预训练的方法,被最近非常受欢迎的 GPT 和 BERT 所采用。

GPT(Generative Pretrained Transformer),如其名称所指,如图 8.15 所示,其本质是生成式语言模型(Generative Language Model)。由于生成式语言模型的自回归特点(auto-regressive),GPT 是我们非常熟悉的传统的单向语言模型,"预测下一个词"。GPT 在语言模型任务上训练好之后,就可以针对下游任务进行调优(fine-tune)了。由于前面提到 Transformer 架构灵活,GPT 几乎可以适应任意的下游任务。对于句子分类来说,输入序列是原句加上首尾特殊符号;对于阅读理解来说,输入序列是"特殊符号＋原文＋分隔符＋问题＋特殊符号";以此类推。因而 GPT 不需要太大的架构改变,就可以方便地针对各项主流语言任务进行调优,刷新了许多记录。

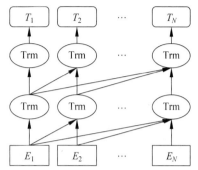

图 8.15　OpenAI GPT 生成式语言模型
(图片来源:*Bi-directional Encoder Representations from Transformer*)

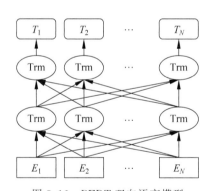

图 8.16　BERT 双向语言模型
(图片来源:*Bi-directional Encoder Representations from Transformer*)

BERT(Bi-directional Encoder Representations from Transformer),如其名称所指,如图 8.16 所示,是一个双向的语言模型。这里指的双向语言模型,并不是像 ElMo 那样把正向和反向两个自回归生成式结构叠加,而是利用了 Transformer 的等长序列到序列的特点,把某些位置的词掩盖(mask),然后让模型通过序列未被掩盖的上下文来预测被掩盖的部分。这种掩码语言模型(Masked Language Model)的思想非常巧妙,突破了从 n-gram 语言模型到 RNN 语言模型再到 GPT 的自回归生成式模型的思维,同时又在某种程度上和 word2vec 中的 CBOW 的思想不谋而合。

很自然地,掩码语言模型非常适合作为 BERT 的预训练任务。这种利用大规模单语料,节省人工标注成本的预训练任务还有一种:"下一个句子预测"。读者应当非常熟悉,之前所有的经典语言模型,都可以看作是"下一个词预测",而"下一个句子预测"就是在模型的长距离依赖关系捕捉能力和算力都大大增强的情况下,很自然地发展出来的方法。

BERT 预训练好之后,应用于下游任务的方式与 GPT 类似,也是通过加入特殊符号来针对不同类别的任务构造输入序列。

以 Transformer 为基础架构,尤其是采取 BERT 类似预训练方法的各种模型变体,在学术界和工业界成为最前沿的模型,不少相关的研究都围绕着基于 BERT 及其变种的表示学习与预训练展开。例如,共享的网络层参数应该是预训练好就予以固定(freeze),然后用 Adapter 方法在固定参数的网络层基础上增加针对各项任务的结构?还是应该让共享网络层参数也可以根据各项任务调节(fine-tune)?如果是后一种方法,哪些网络层应该解冻(defreeze)调优?解冻的顺序应该是怎样的?等预训练技术变种,都是当前大热的研究课题。

8.7 小结

本章在介绍各种神经网络架构的时候,都是以提出这种架构的论文为主展开。这几篇论文都是关于语言建模和机器翻译的工作,然而这些网络架构的应用却远不止于此。2018 年,自然语言处理领域最新的研究动向是使用预训练的语言模型对不同的任务进行精调,而这些语言模型的主体网络架构都是以上提到的几种——ElMo、ULMFiT 是基于循环神经网络,BERT、GPT 是基于 Transformer。读者应深入理解各种基本网络架构,而不拘泥于单项任务的模型变种。

实　战　篇

第 9 章

搭建卷积神经网络进行图像分类

视频讲解

9.1 实验数据准备

本章中准备使用 MIT67 数据集,这是一个标准的室内场景检测数据集,一共有 67 个室内场景,每类包括 80 张训练图片和 20 张测试图片,读者可以登录 http://web.mit.edu/torralba/www/indoor.html,在如图 9.1 所示的页面中,下载得到这个数据集。

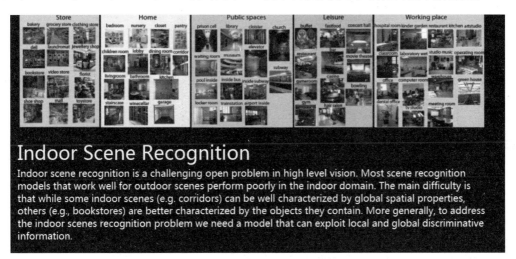

图 9.1　MIT67 数据集

将下载的数据集解压,主要使用 Image 文件夹,这个文件夹一共包含 6700 张图片,还有 TrainImages.txt,包含 67×80 张训练集图像路径和它们的标签,以及 TestImages.txt,包含 67×20 张测试集图像路径和它们的标签,其他的文件在本实验中暂时没有用处。

9.2 数据预处理和准备

在本节中主要介绍如何利用 PyTorch 构建需要的场景识别算法。我们采用一个标准的 ResNet-50 网络,基于在 7.5.3 节提到的 ResNet 结构,构建一个在 MIT67 数据集上可以解决室内场景分类任务的模型。

9.2.1 数据集的读取

首先需要将下载的数据集读入内存,读入路径和标签这些信息存在于两个 .label 文件中。读取完成后应该得到一个图片路径组成的数组和一个标签组成的数组。这一步可以根据机器上的路径进行读取。将读取的结果记为 train_list,train_labels(test_list,test_labels)。

我们的最终目标是将输入组织成 DataLoader 的结构,这个结构中将图片像素矩阵与 label 一一对应并且随机排序,这也是能够被 PyTorch 框架作为输入的标准结构。可以通过将上一步得到的数组放入 DataLoader 的构造函数来自动生成这个类。

```
1 from torch.utils.data import DataLoader
2 train_loader = DataLoader(
3       MyDataset(train_list,train_labels,transform = centre_crop), batch_size = batch_size, shuffle = True, num_workers = 8)
```

9.2.2 重载 data.Dataset 类

可以发现,在构造 DataLoader 的时候,第一个参数是 MyDataset 类对象,首先需要定义这个类。这个类是 data.Dataset 这个 PyTorch 框架中的数据类的继承,需要重写以下几个函数,其中尤其要注意使得__getitem__()方法可以返回 tensor 格式的预处理后的图像和标签。

```
1 def default_loader(path):
2     return Image.open(path).convert('RGB')
3 class MyDataset(data.Dataset):
4     def __init__(self, images, labels,loader = default_loader,transform = None):
5         self.images = images
6         self.labels = labels
7         self.loader = loader
8         self.transform = transform
9     def __getitem__(self, index): #返回的是 tensor
10        img, target = self.images[index], self.labels[index]
11        img = self.loader(img)
12        if self.transform is not None:
```

```
13          img = self.transform(img)
14       return img, target
15    def __len__(self):
16       return len(self.images)
```

9.2.3 transform 数据预处理

PyTorch 中利用 torchvision 中的 transforms 包对图像输入进行预处理,在上一步重载 data.Dataset 中可以找到这个函数。这个函数接受一个 PIL 图像,首先缩放到 256×256×3,然后随机截取成 224×224×3,这是为了保证训练集的多样性,然后转化成 PyTorch 运算所接受的 tensor 格式,最后进行数据标准化。

```
transform = transforms.Compose([
    transforms.Resize((256,256)),
    transforms.RandomCrop(224),
    transforms.ToTensor(),
    transforms.Normalize([0.485, 0.456, 0.406], [0.229, 0.224, 0.225])
])
1    transform = transforms.Compose([
2        transforms.Resize((256,256)),
3        transforms.RandomCrop(224),
4        transforms.ToTensor(),
5        transforms.Normalize([0.485, 0.456, 0.406], [0.229, 0.224, 0.225])])
```

9.3 模型构建

9.3.1 ResNet-50

ResNet-50 是在这一项目中采用的网络架构的基础。ResNet 在 2015 年提出,在 ImageNet 比赛 classification 任务上获得第一名,因为它"简单与实用"并存,之后很多方法都建立在 ResNet-50 或者 ResNet-101 的基础上,检测、分割、识别等领域都纷纷使用 ResNet。

相比于传统的网络结构,ResNet 采用一种捷径(short-cut)的方式(如图 9.2 所示),使得相对于传统网络,比如 VGG16,对于由于层数过深而导致的梯度下降的问题有所缓解。

图 9.3 展示了典型的几种深度的 ResNet 的结构,在本次项目中只需要关注 ResNet-50 的结构即可,可以看到从 conv1 到 conv5 一共经过了 49 层卷积操作和一次全连接操作。

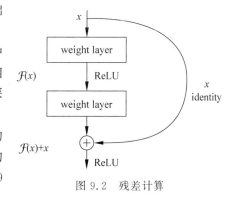

图 9.2　残差计算

layer name	output size	18-layer	34-layer	50-layer	101-layer	152-layer
conv1	112×112	\multicolumn{5}{c}{7×7, 64, stride 2}				
		\multicolumn{5}{c}{3×3 max pool, stride 2}				
conv2_x	56×56	$\begin{bmatrix}3\times3,\ 64\\3\times3,\ 64\end{bmatrix}\times2$	$\begin{bmatrix}3\times3,\ 64\\3\times3,\ 64\end{bmatrix}\times3$	$\begin{bmatrix}1\times1,\ 64\\3\times3,\ 64\\1\times1,\ 256\end{bmatrix}\times3$	$\begin{bmatrix}1\times1,\ 64\\3\times3,\ 64\\1\times1,\ 256\end{bmatrix}\times3$	$\begin{bmatrix}1\times1,\ 64\\3\times3,\ 64\\1\times1,\ 256\end{bmatrix}\times3$
conv3_x	28×28	$\begin{bmatrix}3\times3,\ 128\\3\times3,\ 128\end{bmatrix}\times2$	$\begin{bmatrix}3\times3,\ 128\\3\times3,\ 128\end{bmatrix}\times4$	$\begin{bmatrix}1\times1,\ 128\\3\times3,\ 128\\1\times1,\ 512\end{bmatrix}\times4$	$\begin{bmatrix}1\times1,\ 128\\3\times3,\ 128\\1\times1,\ 512\end{bmatrix}\times4$	$\begin{bmatrix}1\times1,\ 128\\3\times3,\ 128\\1\times1,\ 512\end{bmatrix}\times8$
conv4_x	14×14	$\begin{bmatrix}3\times3,\ 256\\3\times3,\ 256\end{bmatrix}\times2$	$\begin{bmatrix}3\times3,\ 256\\3\times3,\ 256\end{bmatrix}\times6$	$\begin{bmatrix}1\times1,\ 256\\3\times3,\ 256\\1\times1,\ 1024\end{bmatrix}\times6$	$\begin{bmatrix}1\times1,\ 256\\3\times3,\ 256\\1\times1,\ 1024\end{bmatrix}\times23$	$\begin{bmatrix}1\times1,\ 256\\3\times3,\ 256\\1\times1,\ 1024\end{bmatrix}\times36$
conv5_x	7×7	$\begin{bmatrix}3\times3,\ 512\\3\times3,\ 512\end{bmatrix}\times2$	$\begin{bmatrix}3\times3,\ 512\\3\times3,\ 512\end{bmatrix}\times3$	$\begin{bmatrix}1\times1,\ 512\\3\times3,\ 512\\1\times1,\ 2048\end{bmatrix}\times3$	$\begin{bmatrix}1\times1,\ 512\\3\times3,\ 512\\1\times1,\ 2048\end{bmatrix}\times3$	$\begin{bmatrix}1\times1,\ 512\\3\times3,\ 512\\1\times1,\ 2048\end{bmatrix}\times3$
	1×1	\multicolumn{5}{c}{average pool, 1000-d fc, softmax}				
FLOPs		1.8×10^9	3.6×10^9	3.8×10^9	7.6×10^9	11.3×10^9

图 9.3 ResNet 结构

9.3.2 bottleneck 的实现

图 9.3 中,在大于 50 层的网络中,从 conv2.x 到 conv5.x 中每个中括号围起来的三元组称为一个 bottleneck,如图 9.4(b)所示;而小于 50 层的网络中,则由一个二元组构成,如图 9.4(a)所示。在 ResNet-50 中,这个三元组是三个卷积层组成的序列,由于在网络中大量重复存在,所以可以写成一个模块。

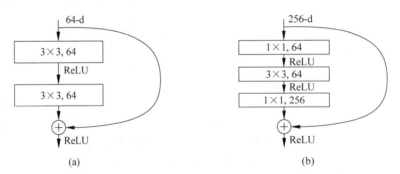

图 9.4 bottleneck 结构

所有的 PyTorch 模型类都是继承自 nn.Module,其中,__init__()函数中会声明网络的各个层,而在 forward()函数中规定输入量 x 如何经过这些层的传递最终输出网络的运算结果。

```
1 class Bottleneck(nn.Module):
2     expansion = 4
3     def __init__(self, inplanes, planes, stride = 1, downsample = None):
4         super(Bottleneck, self).__init__()
5         self.conv1 = nn.Conv2d(inplanes, planes, kernel_size = 1, bias = False)
6         self.bn1 = nn.BatchNorm2d(planes)
```

```
7          self.conv2 = nn.Conv2d(planes, planes, kernel_size = 3, stride = stride,
8                              padding = 1, bias = False)
9          self.bn2 = nn.BatchNorm2d(planes)
10         self.conv3 = nn.Conv2d(planes, planes * self.expansion, kernel_size = 1, bias =
   False)
11         self.bn3 = nn.BatchNorm2d(planes * self.expansion)
12         self.relu = nn.ReLU(inplace = True)
13         self.downsample = downsample
14         self.stride = stride
15
16     def forward(self, x):
17         residual = x
18         out = self.conv1(x)
19         out = self.bn1(out)
20         out = self.relu(out)
21         out = self.conv2(out)
22         out = self.bn2(out)
23         out = self.relu(out)
24         out = self.conv3(out)
25         out = self.bn3(out)
26         if self.downsample is not None:
27             residual = self.downsample(x)
28
29         out += residual
30         out = self.relu(out)
31     return out
```

9.3.3 ResNet-50 卷积层定义

在定义好了 bottleneck 之后,可以来着手进行 ResNet-50 的实现。首先略过__init__()函数,来看_make_layer()函数,这是一个自己定义的函数,目的是为了批量化地利用 bottleneck 生成 ResNet 的结构,毕竟手写 50 层卷积太长了。这个函数定义了一连串 bottleneck,包括它们的输入 channel 数量,输出 channel 数量,以及一些 batch normal 层,然后可以通过这个函数来定义 ResNet-50 网络的各个层。

再来看__init__()函数,也就是这个类的初始化构造函数,在这里定义了总共 5 个比较大的卷积层,也就是图 9.3 中出现的 conv1~conv5,它们分别对应着 conv1 和 layer1~layer4。然后经过这些层的卷积以后,通过一个全局的平均池化 avgpool 和一个全连接层 fc 就可以输出需要预测的每个类的概率了。

```
class ResNet(nn.Module):
    def __init__(self, block, layers, num_classes = 1000):
        self.inplanes = 64
        super(ResNet, self).__init__()
        self.conv1 = nn.Conv2d(3, 64, kernel_size = 7, stride = 2, padding = 3,
                               bias = False)
```

```
    self.bn1 = nn.BatchNorm2d(64)
    self.relu = nn.ReLU(inplace = True)
    self.maxpool = nn.MaxPool2d(kernel_size = 3, stride = 2, padding = 1)
    self.layer1 = self._make_layer(block, 64, layers[0])
    self.layer2 = self._make_layer(block, 128, layers[1], stride = 2)
    self.layer3 = self._make_layer(block, 256, layers[2], stride = 2)
    self.layer4 = self._make_layer(block, 512, layers[3], stride = 2)
    self.avgpool = nn.AvgPool2d(kernel_size = 7, stride = 1, padding = 0)
    self.fc = nn.Linear(512 * block.expansion, num_classes)

def _make_layer(self, block, planes, blocks, stride = 1):
    downsample = None
    if stride != 1 or self.inplanes != planes * block.expansion:
        downsample = nn.Sequential(
          nn.Conv2d(self.inplanes, planes * block.expansion,
                  kernel_size = 1, stride = stride, bias = False),
          nn.BatchNorm2d(planes * block.expansion),
        )

    layers = []
    layers.append(block(self.inplanes, planes, stride, downsample))
    self.inplanes = planes * block.expansion
    for i in range(1, blocks):
        layers.append(block(self.inplanes, planes))

    return nn.Sequential( * layers)
1 class ResNet(nn.Module):
2     def __init__(self, block, layers, num_classes = 1000):
3         self.inplanes = 64
4         super(ResNet, self).__init__()
5         self.conv1 = nn.Conv2d(3, 64, kernel_size = 7, stride = 2, padding = 3,
6                               bias = False)
7         self.bn1 = nn.BatchNorm2d(64)
8         self.relu = nn.ReLU(inplace = True)
9         self.maxpool = nn.MaxPool2d(kernel_size = 3, stride = 2, padding = 1)
10        self.layer1 = self._make_layer(block, 64, layers[0])
11        self.layer2 = self._make_layer(block, 128, layers[1], stride = 2)
12        self.layer3 = self._make_layer(block, 256, layers[2], stride = 2)
13        self.layer4 = self._make_layer(block, 512, layers[3], stride = 2)
14        self.avgpool = nn.AvgPool2d(kernel_size = 7, stride = 1, padding = 0)
15        self.fc = nn.Linear(512 * block.expansion, num_classes)
16
17    def _make_layer(self, block, planes, blocks, stride = 1):
18        downsample = None
19        if stride != 1 or self.inplanes != planes * block.expansion:
20            downsample = nn.Sequential(
21                nn.Conv2d(self.inplanes, planes * block.expansion,
22                        kernel_size = 1, stride = stride, bias = False),
```

```
23              nn.BatchNorm2d(planes * block.expansion),
24          )
25
26          layers = []
27          layers.append(block(self.inplanes, planes, stride, downsample))
28          self.inplanes = planes * block.expansion
29          for i in range(1, blocks):
30              layers.append(block(self.inplanes, planes))
31
32          return nn.Sequential(*layers)
```

9.3.4　ResNet-50 forward 实现

在定义好了卷积层之后,来看一下在前向传播的过程中这些卷积是如何工作的。我们在 ResNet 类中定义 forward()函数来规定输入如何在网络中进行前向传播,而 PyTorch 框架会自动帮我们在训练的时候完成反向传播的过程。

在这个网络中定义的传播过程很简单,只要依次让输入量 x 也就是预处理好的图片像素矩阵通过之前定义好的每个模块即可。

```
1 def forward(self, x):
2      x = self.conv1(x)
3      x = self.bn1(x)
4      x = self.relu(x)
5      x = self.maxpool(x)
6      x = self.layer1(x)
7      x = self.layer2(x)
8      x = self.layer3(x)
9      x = self.layer4(x)
10     x = self.avgpool(x)
11     x = x.view(x.size(0), -1)
12     x = self.fc(x)
13     return x
```

在完成以上操作之后,可以将网络打印出来看一下,读者可以在 9.6 节中找到打印结果。

9.3.5　预训练参数装载

一般来讲,使用预训练网络是进行图片分类的一种常规操作,类似 ImageNet 这种大规模数据集都会耗费数十到上百块 GPU 进行长时间的训练才能收敛到一个不错的结果,而一般的研究者倾向于直接使用这些预训练好的模型进行特征提取,然后再在小的数据集上进行 fine-tune 来得到自己需要的模型。

我们采用 places 365 训练集上 fine-tune 好的 ResNet-50 网络,这也是我们在场景识别任务中一种常见的处理方式,相比从头开始在小数据集上进行训练可以有效地提升准确度,降低过拟合。

以下的代码是模型的训练者所推荐的一种加载方式。

```
1 arch = 'resnet50'
2 # load the pre-trained weights
3 model_file = '%s_places365.pth.tar' % arch
4 if not os.access(model_file, os.W_OK):
5     weight_url = 'http://places2.csail.mit.edu/models_places365/' + model_file
6     os.system('wget ' + weight_url)
7 model = models.__dict__[arch](num_classes = 365)
8 checkpoint = torch.load(model_file, map_location = lambda storage, loc: storage)
9 state_dict = {str.replace(k,'module.',''): v for k,v in checkpoint['state_dict'].items()}
10 model.load_state_dict(state_dict)
11 models.fc = torch.nn.Linear(2048,67)
12 model.eval()
```

通过以上的操作,经过一个下载的过程,我们成功地将预训练的参数模型装载进了 model 变量,这个下载过程只会执行一次,模型将会以一个压缩包的形式存在于工程目录下。所以当第二次执行这个操作的时候并不会重新下载,如果更换项目目录的话只需要复制压缩包或者更换模型装载路径即可。

9.4 模型训练与结果评估

经过 9.3 节的操作已经成功定义了 ResNet-50 网络,在本节中来看一下如何使用定义好的网络进行场景识别任务的训练。

9.4.1 训练类的实现

为了方便起见,将与训练有关的操作组织成一个训练类,这并不是一个必需的操作。

在这个类中,定义了_iteration()函数,循环体中规定了每一个 batch 如何进行一次正向和反向传播,train()函数和 test()函数代表训练和测试两种模式,loop()函数代表如何进行一轮训练(在训练集和测试集上都完整地运行一轮),而 save()函数则规定了模型的保存策略,通常意义上 PyTorch 模型会被保存为 pth 或者 ckpt 两种后缀,本质上没什么区别。

其中,主要关注损失函数的定义,这是所有网络训练的核心。在 ResNet-50 中,定义 loss=self.loss_f(output, target),这是由网络的输出(通常是一个 batchsize×classnum 的向量)和标签值(通常是长度为 classnum 的向量)作为输入的一个函数,可以在构造这个训练类的时候选择不同的损失函数,loss 也可以是多个不同值相加得到,PyTorch 框架可以对这种复合的 loss 进行反向传播、梯度下降操作。

其中,进行训练的语句如下。

```
1     self.optimizer.zero_grad()
2         loss.backward() # 反向传播
3         self.optimizer.step()
```

首先初始化优化器，然后进行反向传播、梯度下降操作，可以看到框架将这些操作都封装得很好，不需要通过 NumPy 包来手工实现求导等数学计算。

```
1 class Trainer(object):
2     cuda = torch.cuda.is_available()
3     torch.backends.cudnn.benchmark = True
4
5     def __init__(self, model, optimizer, loss_f, save_dir = None, save_freq = 10):
6         self.model = model
7         if self.cuda:
8             model.cuda()
9         self.optimizer = optimizer
10        self.loss_f = loss_f
11        self.save_dir = save_dir
12        self.save_freq = save_freq
13
14    def _iteration(self, data_loader, is_train = True):
15        loop_loss = []
16        accuracy = []
17        for data, target in tqdm(data_loader, ncols = 80):
18            if self.cuda:
19                data, target = data.cuda(), target.cuda()
20            output = self.model(data)
21            loss = self.loss_f(output, target)  #损失函数
22            loop_loss.append(loss.data.item() / len(data_loader))
23            accuracy.append((output.data.max(1)[1] == target.data).sum().item())
24            if is_train:
25                self.optimizer.zero_grad()
26                loss.backward()  #反向传播
27                self.optimizer.step()
28        mode = "train" if is_train else "test"
29        print("[{" + mode + "}] loss: {" + str(sum(loop_loss)) + "}/accuracy: {" + str( ) + "}")
30        print()
31        return loop_loss, accuracy
32
33    def train(self, data_loader):
34        self.model.train()
35        with torch.enable_grad():
36            loss, correct = self._iteration(data_loader)
37
38    def test(self, data_loader):
39        self.model.eval()
40        with torch.no_grad():
41            loss, correct = self._iteration(data_loader, is_train = False)
42
43    def loop(self, epochs, train_data, test_data, scheduler = None):
44        for ep in range(1, epochs + 1):
45            if scheduler is not None:
```

```
46                    scheduler.step()
47                    print("epochs: {}".format(ep))
48                    self.train(train_data)
49                    self.test(test_data)
50                    if ep % self.save_freq:
51                        self.save(ep)
52
53        def save(self, epoch, **kwargs):
54            if self.save_dir is not None:
55                model_out_path = Path(self.save_dir)
56                state = {"epoch": epoch, "weight": self.model.state_dict()}
57                if not model_out_path.exists():
58                    model_out_path.mkdir()
59                torch.save(state, model_out_path / "model_epoch_{}.pth".format(epoch))
```

9.4.2 优化器的定义

优化器是用来进行梯度下降的主要模块,通过直接构造 PyTorch 中定义好的优化器类就可以完成这个模块的初始化。可以看到,optimizer 包含所需要优化的参数,这里指定的是模型中全部卷积层、bn 层等的所有可学习参数,第二个参数是学习率;第三个参数是梯度下降中的动量,用于加速训练;第四个参数是权衰量,用于防止过拟合。第三个和第四个参数一般情况下不需要调整,使用这一组相对通用的值就可以。

```
1 import torch.optim as optim
2 train_net = torch.nn.DataParallel(net, device_ids = [0])
3 optimizer = optim.SGD(params = train_net.parameters(), lr = 0.01, momentum = 0.9,
4 weight_decay = 1e - 4)
```

9.4.3 学习率衰减

学习率过大,在算法优化的前期会加速学习,使得模型更容易接近局部或全局最优解。但是在后期会有较大波动,甚至出现损失函数的值围绕最小值徘徊,波动很大,始终难以达到最优,如图 9.5 中左侧粗曲线所示。所以引入学习率衰减的概念,直白点儿说,就是在模型训练初期,会使用较大的学习率进行模型优化,随着迭代次数增加,学习率会逐渐减小,保证模型在训练后期不会有太大的波动,从而更加接近最优解,如图 9.5 中上面一条右侧细曲线所示。

图 9.5　梯度下降

因此,设计一组用于计数的函数来确保学习率在设定的轮数衰减,比如 20 轮,这个函数会在适当的时候修改 optimizer 中的学习率,将学习率 lr * 衰减率 gamma,得到原来 1/10 的学习率。

```
scheduler = StepLR(optimizer, 20, gamma = 0.1)

class StepLR(_LRScheduler):
def __init__(self, optimizer, step_size, gamma = 0.1, last_epoch = - 1):
    self.step_size = step_size
    self.gamma = gamma
    super(StepLR, self).__init__(optimizer, last_epoch)

def get_lr(self):
    return [base_lr * self.gamma ** (self.last_epoch // self.step_size)
            for base_lr in self.base_lrs]
```

```
 1 scheduler = StepLR(optimizer, 20, gamma = 0.1)
 2
 3 class StepLR(_LRScheduler):
 4     def __init__(self, optimizer, step_size, gamma = 0.1, last_epoch = - 1):
 5         self.step_size = step_size
 6         self.gamma = gamma
 7         super(StepLR, self).__init__(optimizer, last_epoch)
 8
 9     def get_lr(self):
10         return [base_lr * self.gamma ** (self.last_epoch // self.step_size)
11                 for base_lr in self.base_lrs]
12
13
14 class _LRScheduler(object):
15     def __init__(self, optimizer, last_epoch = - 1):
16         if not isinstance(optimizer, Optimizer):
17             raise TypeError('{} is not an Optimizer'.format(
18                 type(optimizer).__name__))
19         self.optimizer = optimizer
20         if last_epoch == - 1:
21             for group in optimizer.param_groups:
22                 group.setdefault('initial_lr', group['lr'])
23         else:
24         for i, group in enumerate(optimizer.param_groups):
25                 if 'initial_lr' not in group:
26                     raise KeyError("param 'initial_lr' is not specified "
27                     "in param_groups[{}] when resuming an optimizer".format(i))
28                     self.base_lrs = list(map(lambda group: group['initial_lr'], optimizer.
                                    param_groups))
29         self.step(last_epoch + 1)
30         self.last_epoch = last_epoch
```

```
31
32    def get_lr(self):
33        raise NotImplementedError
34
35    def step(self, epoch = None):
36        if epoch is None:
37            epoch = self.last_epoch + 1
38        self.last_epoch = epoch
39        for param_group, lr in zip(self.optimizer.param_groups, self.get_lr()):
40            param_group['lr'] = lr
```

9.4.4 训练

在完成了上述步骤后,可以准备进行最后的操作——训练。通过以下的操作来达到这个目的,首先声明在上述实现的训练类,参数包括训练用的网络、优化器以及损失函数,然后调动 loop()函数,选择 50 轮,执行整套代码就可以完成训练。

```
trainer = Trainer(train_net, optimizer, F.cross_entropy, save_dir = ".")
trainer.loop(50, train_loader, test_loader, scheduler)
```

在控制台中启动代码,可以看到如图 9.6 所示的画面,其中,epochs 代表当前轮数,168/168 代表当前和总的 batch 数量,时间代表这一轮花费时间和预计剩余时间,速度代表每秒可以训练多少个 batch。在代码运行完毕后可以得到大约 83%的测试集准确率和接近 100%的训练集准确率,这主要是由于 MIT67 是一个较小的数据集,在训练过程中不可避免地会出现过拟合现象。

图 9.6　训练过程

9.5　总结

通过本章的介绍,想必读者已经对于如何使用 ResNet 进行场景分类有了一个基本的认识,本章中只是演示了利用 PyTorch 实现 ResNet-50 的基本代码,如果希望详细了解该框架可以翻阅相关的文档: https://PyTorch.org/docs/stable/index.html。在实际的应用中,可能使用的不是这样一个标准的模型,会对损失函数、网络结构、优化器所包含的参数等进行一定的修改,但是它们依然基于在本章中实现的各个模块以及它们之间的逻辑联系。对于本章的学习可以为以后更为复杂的应用奠定良好的基础。

第 **10** 章

图像风格迁移

10.1　VGG 模型

　　VGG 模型是由 Simonyan 等人于 2014 年提出的图像分类模型,这一模型采用了简单粗暴的堆砌 3×3 卷积层的方式构建模型,并花费了大量的时间逐层训练,最终斩获了 2014 年 ImageNet 图像分类比赛的亚军。这一模型的优点是结构简单,容易理解,便于利用到其他任务当中。

　　VGG-19 网络的卷积部分由 5 个卷积块构成,每个卷积块中有多个卷积(convolution)层,结尾处有一个池化(pooling)层,如图 10.1 所示。

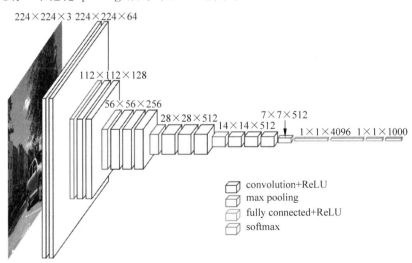

图 10.1　VGG-19 的网络结构

卷积层中的不同卷积核会被特定的图像特征激活,图 10.2 展示了不同卷积层内卷积核的可视化(通过梯度上升得到)。可以看到,低层卷积核寻找的特征较为简单,而高层卷积核寻找的特征比较复杂。

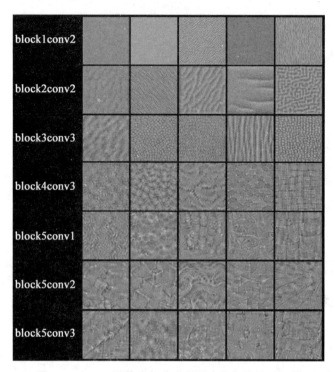

图 10.2　VGG 网络中部分卷积层内卷积核的可视化

10.2　图像风格迁移介绍

图像风格迁移是指将一张风格图 I_s 的风格与另一张内容图 I_c 的内容相结合并生成新的图像。Gatys 等人于 2016 年提出了一种简单而有效的方法,利用预训练的 VGG 网络提取图像特征,并基于图像特征组合出了两种特征度量,一种用于表示图像的内容,另一种用于表示图像的风格。他们将这两种特征度量加权组合,通过最优化的方式生成新的图像,使新的图像同时具有一幅图像的风格和另一幅图像的内容。

图 10.3 对风格迁移的内部过程进行了可视化。上面的一行中,作者将 VGG 网络不同层的输出构建风格表示,再反过来进行可视化,得到重构的风格图片;下面的一行中,作者将 VGG 网络不同层的输出构建内容表示,再反过来进行可视化,得到重构的内容图片。可以看到,低层卷积层提取的风格特征较细节,提取的内容特征较详细;高层卷积层提取的风格特征较整体,提取的内容特征较概括。

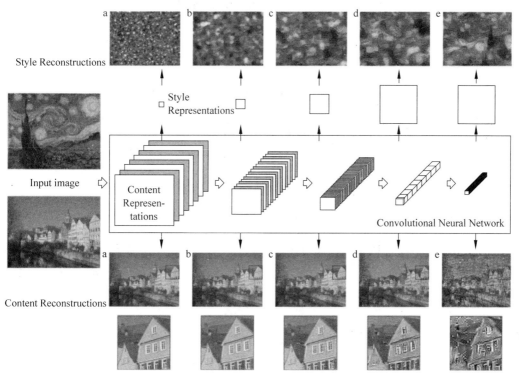

图 10.3　风格迁移中使用的风格数学表示和内容数学表示

10.3　内容损失函数

10.3.1　内容损失函数的定义

内容损失函数用于衡量两幅图像之间的内容差异大小,其定义如下。

$$L_c = \frac{1}{2} \sum_{i,j} (\boldsymbol{X}^l_{ij} - \boldsymbol{Y}^l_{ij})^2$$

其中,$\boldsymbol{X}^l$ 和 $\boldsymbol{Y}^l$ 分别是两幅图片由 VGG 网络某一卷积层提取的特征图(feature map),l 表示卷积层的下标,i 和 j 表示矩阵中行与列的下标。可见两幅图像的内容损失函数是由特征图对位求差得到的。低层卷积特征图对图片的描述较为具体,高层卷积特征图对图片的描述较为概括。Gatys 等人选择了第 4 个卷积块的第 2 层(conv4_2)用于计算内容损失,因为我们希望合成的图片的内容与内容图大体相近,但不是一笔一画都一模一样。

10.3.2　内容损失模块的实现

模块在初始化时需要将内容图片的特征图传入,通过 detach()方法告诉 AutoGrad 优化时不要变更其中的内容。forward()方法实现上面的公式即可。

```
1 class ContentLoss(nn.Module):
2     def __init__(self, target):
3         super(ContentLoss, self).__init__()
4         self.target = target.detach()
5
6     def forward(self, input):
7         self.loss = torch.sum((input - self.target) ** 2) / 2.0
8         return input
```

10.4 风格损失函数

10.4.1 风格损失函数的定义

风格损失函数用于衡量两幅图像之间的风格差异大小。首先需要通过计算特征图的 Gram 矩阵得到图像风格的数学表示。给定 VGG 在一幅图像中提取的特征图 $\boldsymbol{X}^l$，与之对应的 Gram 矩阵 $\boldsymbol{G}^l$ 定义如下。

$$\boldsymbol{G}_{ij}^l = \sum_k \boldsymbol{X}_{ik}^l \boldsymbol{X}_{jk}^l$$

Gram 矩阵本质上是特征的协方差矩阵(只是没有减去均值)，表示的是特征与特征(卷积核与卷积核)的相关性。

$$\boldsymbol{G} = \boldsymbol{X}^{\mathrm{T}}\boldsymbol{X} = \begin{bmatrix} \boldsymbol{x}_1^{\mathrm{T}} \\ \boldsymbol{x}_2^{\mathrm{T}} \\ \vdots \\ \boldsymbol{x}_n^{\mathrm{T}} \end{bmatrix} \begin{bmatrix} \boldsymbol{x}_1 & \boldsymbol{x}_2 & \cdots & \boldsymbol{x}_n \end{bmatrix} = \begin{bmatrix} \boldsymbol{x}_1^{\mathrm{T}}\boldsymbol{x}_1 & \boldsymbol{x}_1^{\mathrm{T}}\boldsymbol{x}_2 & \cdots & \boldsymbol{x}_1^{\mathrm{T}}\boldsymbol{x}_n \\ \boldsymbol{x}_2^{\mathrm{T}}\boldsymbol{x}_1 & \boldsymbol{x}_2^{\mathrm{T}}\boldsymbol{x}_2 & \cdots & \boldsymbol{x}_2^{\mathrm{T}}\boldsymbol{x}_n \\ \vdots & \vdots & \ddots & \vdots \\ \boldsymbol{x}_n^{\mathrm{T}}\boldsymbol{x}_1 & \boldsymbol{x}_n^{\mathrm{T}}\boldsymbol{x}_2 & \cdots & \boldsymbol{x}_n^{\mathrm{T}}\boldsymbol{x}_n \end{bmatrix}$$

设由以上方式获得 $\boldsymbol{X}^l$ 和 $\boldsymbol{Y}^l$ 对应的 Gram 矩阵 $\boldsymbol{G}^l$ 和 $\boldsymbol{H}^l$，风格损失函数定义如下。

$$L_s^l = \frac{1}{4N_l^2 M_l^2} \sum_{i,j} (\boldsymbol{G}_{ij}^l - \boldsymbol{H}_{ij}^l)^2$$

$$L_s = \sum_l \omega_l L_s^l$$

其中，N_l 和 M_l 分别为特征图的通道数与边长，ω_l 为权重。Gatys 等选择了 conv1_1，conv2_1，conv3_1，conv4_1，conv5_1 用于计算风格损失。

10.4.2 计算 Gram 矩阵函数的实现

因为 PyTorch 传入数据必须以批的形式，传入的 input 的大小为[batch_size，channels，height，width]。计算 Gram 矩阵时，先用 view 方法改变张量的形状，然后再将它与它自己转置进行点积即可。

```
1 def gram_matrix(input):
2     a, b, c, d = input.size()
3     features = input.view(a * b, c * d)
4     G = torch.mm(features, features.t())
5     return G
```

10.4.3 风格损失模块的实现

模块在初始化时需要将风格图片的特征图传入并计算其 Gram 矩阵,通过 detach() 方法告诉 AutoGrad 优化时不要变更其中的内容。forward() 方法实现上面的公式即可。

```
1 class StyleLoss(nn.Module):
2     def __init__(self, target_feature):
3         super(StyleLoss, self).__init__()
4         self.target = gram_matrix(target_feature).detach()
5
6     def forward(self, input):
7         a, b, c, d = input.size()
8         G = gram_matrix(input)
9         self.loss = torch.sum((G - self.target) ** 2) / (4.0 * b * b * c * d)
10        return input
```

10.5 优化过程

定义好了内容损失函数和风格损失函数,总损失函数定义如下:

$$L = \alpha L_c + \beta L_s$$

其中,α 和 β 为权重。对一张相同大小的图片进行随机初始化,优化的目标是最小化以上损失函数,使用 L-BFGS 算法进行最优化。

10.6 图像风格迁移主程序的实现

10.6.1 图像预处理

利用 torchvision.transforms 进行图像的预处理和后期处理。预处理的过程接收一个 PIL 图片,改变图片大小,转换为张量,进行标准化,最后乘以 255。对 RGB 三个通道进行标准化,这是 VGG 模型的要求。后期处理则为这一过程的逆过程。

```
1 class ImageCoder:
2     def __init__(self, image_size, device):
3         self.device = device
4
5         self.preproc = transforms.Compose([
6             transforms.Resize(image_size),              #改变图像大小
7             transforms.ToTensor(),
8             transforms.Normalize(mean = [0.485, 0.456, 0.406],   #标准化
9                                  std = [1, 1, 1]),
10            transforms.Lambda(lambda x: x.mul_(255))
11        ])
```

```
12
13        self.postproc = transforms.Compose([
14            transforms.Lambda(lambda x: x.mul_(1./255)),
15            transforms.Normalize(mean = [ - 0.485, - 0.456, - 0.406], std = [1,1,1])
16
17        ])
18
19        self.to_image = transforms.ToPILImage()
20
21    def encode(self, image_path):
22        image = Image.open(image_path)
23        image = self.preproc(image)
24        image = image.unsqueeze(0)
25        return image.to(self.device, torch.float)
26
27
28    def decode(self, image):
29        image = image.cpu().clone()
30        image = image.squeeze()
31        image = self.postproc(image)
32        image = image.clamp(0, 1)
33        return self.to_image(image)
```

10.6.2 参数定义

这一部分对参数进行定义,确定内容损失函数使用的卷积层、风格损失函数使用的卷积层、各卷积层的权重以及最优化的步数。

```
1 content_layers = ['conv_4_2']                      #内容损失函数使用的卷积层
2 style_layers = ['conv_1_1', 'conv2_1', 'conv_3_1', 'conv_4_1', 'conv5_1']
                                                      #风格损失函数使用的卷积层
3 content_weights = [1]                              #内容损失函数的权重
4 style_weights = [1e3, 1e3, 1e3, 1e3, 1e3]         #风格损失函数的权重
5 num_steps = 200                                    #最优化的步数
```

10.6.3 模型初始化

这一部分中,调用 torchvision.models 提供的预先训练好的 VGG 模型。

```
1 class Model:
2    def __init__(self, device, image_size):
3
4        cnn = torchvision.models.vgg19(pretrained = True).features.to(device).eval()
5        self.cnn = deepcopy(cnn)                    #获取预训练的 VGG19 卷积神经网络
6        self.device = device
7
```

```
8          self.content_losses = []
9          self.style_losses = []
10
11         self.image_proc = ImageCoder(image_size, device)
```

10.6.4　运行风格迁移的主函数

主函数读取图片并进行预处理,随后依据 VGG 提取的特征图建立内容损失函数和风格损失函数(self._build()方法),再进行最优化得到迁移后的图片(self._transfer()方法)。这两个方法的实现在后面给出。

```
1 def run(self, content_image_path, style_image_path):
2       content_image = self.image_proc.encode(content_image_path)
3       style_image = self.image_proc.encode(style_image_path)
4
5       self._build(content_image, style_image)        # 建立损失函数
6       output_image = self._transfer(content_image)   # 进行最优化
7
8       return self.image_proc.decode(output_image)
```

10.6.5　利用 VGG 网络建立损失函数

这一部分中,程序便利 VGG19 中的各层并进行编号,取定义好的特征图层建立内容损失函数和风格损失函数,并添加到模型中。

```
1  def _build(self, content_image, style_image):
2      self.model = nn.Sequential()
3
4      block_idx = 1
5      conv_idx = 1
6
7      # 逐层遍历 VGG19,取用需要的卷积层
8      for layer in self.cnn.children():
9
10  # 识别该层类型并进行编号命名
11         if isinstance(layer, nn.Conv2d):
12             name = 'conv_{}_{}'.format(block_idx, conv_idx)
13             conv_idx += 1
14         elif isinstance(layer, nn.ReLU):
15             name = 'relu_{}_{}'.format(block_idx, conv_idx)
16             layer = nn.ReLU(inplace = False)
17         elif isinstance(layer, nn.MaxPool2d):
18             name = 'pool_{}'.format(block_idx)
19             block_idx += 1
20             conv_idx = 1
21         elif isinstance(layer, nn.BatchNorm2d):
```

```
22              name = 'bn_{}'.format(block_idx)
23          else:
24              raise Exception("invalid layer")
25
26          self.model.add_module(name, layer)
27          if name in content_layers:
28
29              # 添加内容损失函数
30              target = self.model(content_image).detach()
31              content_loss = ContentLoss(target)
32              self.model.add_module("content_loss_{}_{}".format(block_idx, conv_idx),
                                      content_loss)
33              self.content_losses.append(content_loss)
34          if name in style_layers:
35
36              # 添加风格损失函数
37              target_feature = self.model(style_image).detach()
38              style_loss = StyleLoss(target_feature)
39              self.model.add_module("style_loss_{}_{}".format(block_idx, conv_idx),
                                      style_loss)
40              self.style_losses.append(style_loss)
41
42      # 取卷积特征部分
43      i = 0
44      for i in range(len(self.model) - 1, -1, -1):
45          if isinstance(self.model[i], ContentLoss) or isinstance(self.model[i],
                          StyleLoss):
46              break
47      self.features = self.model[:(i + 1)]
```

10.6.6　风格迁移的优化过程

这一部分中,程序用 LBFGS 算法对定义好的损失进行反向传播最优化,逐步改变图片内容,得到迁移后的图片。可以看到,该部分循环调用了 closure() 函数 num_steps 次。closure() 函数计算当前的风格损失和内容损失,将它们进行加权和,通过 loss.backward() 计算梯度,并更新合成的图片。

```
1 def _transfer(self, content_image):
2       output_image = content_image.clone()
3       random_image = torch.randn(content_image.data.size(), device = self.device)
4       output_image = 0.4 * output_image + 0.6 * random_image
5       optimizer = torch.optim.LBFGS([output_image.requires_grad_()])
6       print('Optimizing..')
7       run = [0]
8       while run[0] <= num_steps:
9
10
11          def closure():
```

```
12          optimizer.zero_grad()
13          self.features(output_image)
14          style_score = 0
15          content_score = 0
16          for sl, sw in zip(self.style_losses, style_weights):
17              style_score += sl.loss * sw
18
19          for cl, cw in zip(self.content_losses, content_weights):
20              content_score += cl.loss * cw
21
22          loss = style_score + content_score
23          loss.backward()
24          run[0] += 1
25          if run[0] % 50 == 0:
26              print("iteration {}: Loss: {:4f} Style Loss: {:4f} Content Loss:
                    {:4f}".format(run, loss.item(), style_score.item(), content_
                    score.item()))
27
28          return loss
29      optimizer.step(closure)
30  return output_image
```

10.6.7　运行风格迁移

这一部分中,首先获取计算硬件的类型(CPU 或 GPU),然后将用于运行风格迁移的
Model 类实例化,将风格图片和内容图片的路径传入,并通过运行 model.run 进行风格迁移。

```
1 device = torch.device("cuda" if torch.cuda.is_available() else "cpu")
2 image_size = 256
3 model = Model(device, image_size)
4 style_image_path = './images/van_gogh.jpg'
5 content_image_path = './images/streetjpg'
6 out_image = model.run(content_image_path, style_image_path)
7 plt.imshow(out_image)
8 plt.show()
```

如图 10.4 所示,经过 200 次左右的优化,得到了风格迁移后的图片。这一过程在
CPU 上需要约 2min 的时间,在 GPU 上需要约 20s。

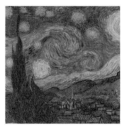

风格图像　　　　　　　内容图像　　　　　　　迁移效果

图 10.4　风格迁移实现效果的展示

第 **11** 章

基于RNN的文本分类

本章将构建和训练基本的字符级 RNN(递归神经网络)来对单词进行分类。本章展示了如何"从头开始"进行 NLP(自然语言处理)建模的预处理数据,尤其是不使用众多 NLP 工具库提供的许多便利功能,因此读者可以从系统层面角度了解 NLP 建模的预处理工作。

字符级 RNN 将单词作为一系列字符读取,之后在每个步骤输出一个预测结果和 "Hidden State",将其先前的 Hidden State 输入每个下一步。这里将最终的预测作为输出,即单词属于哪个类别。

具体来说,这里将训练来自 18 种起源于不同语言的数千种姓氏,并根据拼写方式预测名称的来源,样例如下。

```
$ python predict.py Hinton
(-0.47) Scottish
(-1.52) English
(-3.57) Irish

$ python predict.py Schmidhuber
(-0.19) German
(-2.48) Czech
```

11.1 数据准备

数据下载超链接:https://download.pytorch.org/tutorial/data.zip。

解压缩上述数据得到 18 个 txt 文件,将它们放置在 data/names 目录下。下面提供一段代码做预处理。

```
1 from __future__ import unicode_literals, print_function, division
2 from io import open
3 import glob
4 import os
5
6 def findFiles(path): return glob.glob(path)
7
8 print(findFiles('data/names/*.txt'))
9
10 import unicodedata
11 import string
12
13 all_letters = string.ascii_letters + " .,;'"
14 n_letters = len(all_letters)
15
16 # Turn a Unicode string to plain ASCII, thanks to https://stackoverflow.com/a/518232/2809427
17 def unicodeToAscii(s):
18     return ''.join(
19         c for c in unicodedata.normalize('NFD', s)
20         if unicodedata.category(c) != 'Mn'
21         and c in all_letters
22     )
23
24 print(unicodeToAscii('Ślusàrski'))
25
26 # Build the category_lines dictionary, a list of names per language
27 category_lines = {}
28 all_categories = []
29
30 # Read a file and split into lines
31 def readLines(filename):
32     lines = open(filename, encoding='utf-8').read().strip().split('\n')
33     return [unicodeToAscii(line) for line in lines]
34
35 for filename in findFiles('data/names/*.txt'):
36     category = os.path.splitext(os.path.basename(filename))[0]
37     all_categories.append(category)
38     lines = readLines(filename)
39     category_lines[category] = lines
40
41 n_categories = len(all_categories)
```

上述代码输出如下。

```
['data/names/French.txt', 'data/names/Czech.txt', 'data/names/Dutch.txt', 'data/names/
Polish.txt', 'data/names/Scottish.txt', 'data/names/Chinese.txt', 'data/names/English.txt',
'data/names/Italian.txt', 'data/names/Portuguese.txt', 'data/names/Japanese.txt', 'data/
names/German.txt', 'data/names/Russian.txt', 'data/names/Korean.txt', 'data/names/Arabic.
txt', 'data/names/Greek.txt', 'data/names/Vietnamese.txt', 'data/names/Spanish.txt', 'data/
names/Irish.txt']
Slusarski
```

11.2 将名字转换为张量

现在已经整理好了所有数据集中的名字，这里需要将它们转换为张量以使用它们。为了表示单个字母，这里使用大小为< 1×n_letters >的"one-hot"向量。一个 one-hot 向量用 0 填充，但当前字母的索引处的数字为 1，例如" b"=<0 1 0 0 0 ···>。为了用这些向量组成一个单词，这里将其中的一些连接成 2 维矩阵< line_length × 1 × n_letters >。

可以观察到数据的维度是< line_length × 1 × n_letters >，而不是< line_length × n_letters >，是因为额外的 1 维是因为 PyTorch 假设所有内容都是批量的——在这里只使用 1 的 batchsize。

代码如下。

```
1 import torch
2
3 # Find letter index from all_letters, e.g. "a" = 0
4 def letterToIndex(letter):
5     return all_letters.find(letter)
6
7 # Just for demonstration, turn a letter into a < 1 x n_letters > Tensor
8 def letterToTensor(letter):
9     tensor = torch.zeros(1, n_letters)
10    tensor[0][letterToIndex(letter)] = 1
11    return tensor
12
13 # Turn a line into a < line_length x 1 x n_letters >,
14 # or an array of one-hot letter vectors
15 def lineToTensor(line):
16    tensor = torch.zeros(len(line), 1, n_letters)
17    for li, letter in enumerate(line):
18        tensor[li][0][letterToIndex(letter)] = 1
19    return tensor
20
21 print(letterToTensor('J'))
22
23 print(lineToTensor('Jones').size())
```

输出如下。

```
tensor([[0., 0., 0., 0., 0., 0., 0., 0., 0., 0., 0., 0., 0., 0., 0., 0., 0., 0.,
         0., 0., 0., 0., 0., 0., 0., 0., 0., 0., 0., 0., 0., 0., 0., 0., 1.,
         0., 0., 0., 0., 0., 0., 0., 0., 0., 0., 0., 0., 0., 0., 0., 0., 0.,
         0., 0., 0.]])
torch.Size([5, 1, 57])
```

11.3 构建神经网络

在 PyTorch 中构建递归神经网络(RNN)涉及在多个时间步长上克隆多个 RNN 层的参数。RNN 层保留了 Hidden State 和梯度,这些状态完全由 PyTorch 的计算图来自动完成维护。这意味着读者可以以非常"纯粹"的方式实现 RNN,即只关心前馈网络(Feed-forward Network)而不需要关注反向传播(Back Propagation)。

下面样例中的 RNN 模块只有两个线性层,它接受一个输入和一个 Hidden State,之后网络输出结果需要经过一个 LogSoftmax 层。RNN 模型如图 11.1 所示。

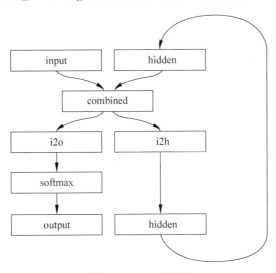

图 11.1 RNN 模型

RNN 代码定义如下。

```
1 import torch.nn as nn
2
3 class RNN(nn.Module):
4     def __init__(self, input_size, hidden_size, output_size):
5         super(RNN, self).__init__()
6
7         self.hidden_size = hidden_size
8
9         self.i2h = nn.Linear(input_size + hidden_size, hidden_size)
10        self.i2o = nn.Linear(input_size + hidden_size, output_size)
```

```
11          self.softmax = nn.LogSoftmax(dim = 1)
12
13      def forward(self, input, hidden):
14          combined = torch.cat((input, hidden), 1)
15          hidden = self.i2h(combined)
16          output = self.i2o(combined)
17          output = self.softmax(output)
18          return output, hidden
19
20      def initHidden(self):
21          return torch.zeros(1, self.hidden_size)
22
23 n_hidden = 128
24 rnn = RNN(n_letters, n_hidden, n_categories)
```

要运行此网络,需要传递输入(在本例中为当前字母的 Tensor)和先前的 Hidden State(首先将其初始化为零)。这里将返回输出(每种语言的概率)和下一个 Hidden State (将其保留用于下一步)。

```
1 input = letterToTensor('A')
2 hidden = torch.zeros(1, n_hidden)
3
4 output, next_hidden = rnn(input, hidden)
```

为了提高效率,这里不想为每个步骤都创建一个新的 Tensor,因此将使用 lineToTensor 代替 letterToTensor 并使用切片。这可以通过预先计算一批(Batch)张量来进一步优化。

```
1 input = lineToTensor('Albert')
2 hidden = torch.zeros(1, n_hidden)
3
4 output, next_hidden = rnn(input[0], hidden)
5 print(output)
```

可以看到,输出为< 1×n_categories >张量,其中每个项目都是该类别的可能性(更高的可能性更大)。

```
tensor([[ - 2.8389, - 2.9664, - 2.9343, - 2.9904, - 2.8117, - 2.7876, - 2.9688, - 2.9170,
         - 2.8996, - 2.8837, - 2.9127, - 2.8445, - 2.8282, - 2.9167, - 2.9765, - 2.7861,
         - 2.8954, - 2.9031]], grad_fn = < LogSoftmaxBackward >)
```

11.4 训练

11.4.1 准备训练

在训练 RNN 之前,需要准备一些辅助函数。首先是解释网络的输出,这是每个类别的可能性。可以使用 Tensor.topk 获得当前数组最大值的索引。

```
1 def categoryFromOutput(output):
2   top_n, top_i = output.topk(1)
3   category_i = top_i[0].item()
4   return all_categories[category_i], category_i
5
6 print(categoryFromOutput(output))
```

输出如下。

```
('Vietnamese', 15)
```

这里还希望有一种快速的方法来获取一个训练数据（名称及其语言），代码如下。

```
1 import random
2
3 def randomChoice(l):
4     return l[random.randint(0, len(l) - 1)]
5
6 def randomTrainingExample():
7     category = randomChoice(all_categories)
8     line = randomChoice(category_lines[category])
9     category_tensor = torch.tensor([all_categories.index(category)], dtype = torch.long)
10    line_tensor = lineToTensor(line)
11    return category, line, category_tensor, line_tensor
12
13 for i in range(10):
14    category, line, category_tensor, line_tensor = randomTrainingExample()
15    print('category = ', category, '/ line = ', line)
```

输出如下。

```
category = French / line = Guerin
category = Czech / line = Herodes
category = Korean / line = Jang
category = German / line = Huff
category = Portuguese / line = Lobo
category = Portuguese / line = Magalhaes
category = German / line = Papp
category = Dutch / line = Sanna
category = Spanish / line = Jasso
category = Greek / line = Poniros
```

11.4.2　训练 RNN 网络

现在，训练该网络所需要做的就是向它送入大量的数据，令其进行预测，并告诉它是否错误。因为 RNN 的最后一层是 nn.LogSoftmax()，所以这里选择 nn.NLLLoss()作为损失函数。

```
1 criterion = nn.NLLLoss()
```

每个训练的循环包含下面 7 个步骤。

(1) 创建输入和目标 Tensor。

(2) 创建归零的初始 Hidden State。

(3) 输入一个字母。

(4) 传递 Hidden State 给下一个字母输入。

(5) 比较最终输出与目标。

(6) 反向传播。

(7) 返回输出和损失。

代码如下。

```
1 learning_rate = 0.005 # Ifyou set this too high, it might explode. If too low, it might
  not learn
2
3 def train(category_tensor, line_tensor):
4     hidden = rnn.initHidden()
5
6     rnn.zero_grad()
7
8     for i in range(line_tensor.size()[0]):
9         output, hidden = rnn(line_tensor[i], hidden)
10
11    loss = criterion(output, category_tensor)
12    loss.backward()
13
14    # Add parameters' gradients to their values, multiplied by learning rate
15    for p in rnn.parameters():
16        p.data.add_( - learning_rate, p.grad.data)
17
18    return output, loss.item()
```

现在，只需要运行大量数据。由于训练函数会同时返回输出和损失，因此可以打印其预测结果并绘制损失函数变化图。由于有 1000 个示例，这里仅打印每个 print_every 示例，并取平均损失。

代码如下。

```
1 import time
2 import math
3
4 n_iters = 100000
5 print_every = 5000
```

```
 6 plot_every = 1000
 7
 8 #Keep track of losses for plotting
 9 current_loss = 0
10all_losses = []
11
12def timeSince(since):
13     now = time.time()
14     s = now - since
15     m = math.floor(s / 60)
16     s -= m * 60
17     return '%dm %ds' % (m, s)
18
19start = time.time()
20
21for iter in range(1, n_iters + 1):
22     category, line, category_tensor, line_tensor = randomTrainingExample()
23     output, loss = train(category_tensor, line_tensor)
24     current_loss += loss
25
26     #Print iter number, loss, name and guess
27     if iter % print_every == 0:
28         guess, guess_i = categoryFromOutput(output)
29         correct = '√' if guess == category else '×(%s)' % category
30         print('%d %d%% (%s) %.4f %s / %s %s' % (iter, iter / n_iters * 100,
                 timeSince(start), loss, line, guess, correct))
31
32     #Add current loss avg to list of losses
33     if iter % plot_every == 0:
34         all_losses.append(current_loss / plot_every)
35         current_loss = 0
```

输出如下。

```
5000 5% (0m 12s) 1.7459 Kefalas / Greek √
10000 10% (0m 21s) 2.4046 Henriques / Dutch × (Portuguese)
15000 15% (0m 30s) 0.3417 Hazbulatov / Russian √
20000 20% (0m 40s) 3.5903 Vine / Vietnamese × (English)
25000 25% (0m 49s) 1.9093 Truong / Vietnamese √
30000 30% (0m 59s) 0.4687 Riagain / Irish √
35000 35% (1m 8s) 1.4401 Gutierrez / German × (Spanish)
40000 40% (1m 17s) 3.6631 De la fuente / German × (Spanish)
45000 45% (1m 27s) 0.7691 Kanavos / Greek √
50000 50% (1m 36s) 0.6800 Kosmatka / Polish √
55000 55% (1m 46s) 2.1133 Adrol / Portuguese × (English)
```

```
60000 60% (1m 55s) 0.3442 Shadid / Arabic √
65000 65% (2m 5s) 1.1871 Pyavko / Russian √
70000 70% (2m 14s) 0.3998 Schuler / German √
75000 75% (2m 23s) 0.4569 Vo / Vietnamese √
80000 80% (2m 32s) 2.6538 Abba / Japanese × (Italian)
85000 85% (2m 40s) 0.3722 Kassis / Arabic √
90000 90% (2m 49s) 2.9467 Medeiros / Greek × (Portuguese)
95000 95% (2m 58s) 0.7350 Bolcar / Czech √
```

11.5 绘制损失变化图

绘制 all_losses 的历史损失变化,以显示网络学习情况。代码如下。

```
1 import matplotlib.pyplot as plt
2 import matplotlib.ticker as ticker
3
4 plt.figure()
5 plt.plot(all_losses)
```

结果如图 11.2 所示。

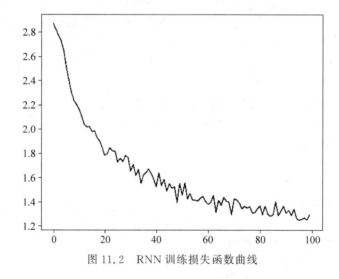

图 11.2　RNN 训练损失函数曲线

11.6 预测结果

为了了解网络在不同类别上的表现如何,这里将创建一个混淆矩阵,为每种实际语言(行)指示网络猜测(列)哪种语言。为了计算混淆矩阵,使用网络中的 validate() 来运行一个 batch 的样本,其逻辑与 train() 减去反向传播器相同。代码如下。

```
1  # Keep track of correct guesses in a confusion matrix
2  confusion = torch.zeros(n_categories, n_categories)
3  n_confusion = 10000
4
5  # Just return an output given a line
6  def evaluate(line_tensor):
7      hidden = rnn.initHidden()
8
9      for i in range(line_tensor.size()[0]):
10         output, hidden = rnn(line_tensor[i], hidden)
11
12     return output
13
14 # Go through a bunch of examples and record which are correctly guessed
15 for i in range(n_confusion):
16     category, line, category_tensor, line_tensor = randomTrainingExample()
17     output = evaluate(line_tensor)
18     guess, guess_i = categoryFromOutput(output)
19     category_i = all_categories.index(category)
20     confusion[category_i][guess_i] += 1
21
22 # Normalize by dividing every row by its sum
23 for i in range(n_categories):
24     confusion[i] = confusion[i] / confusion[i].sum()
25
26 # Set up plot
27 fig = plt.figure()
28 ax = fig.add_subplot(111)
29 cax = ax.matshow(confusion.numpy())
30 fig.colorbar(cax)
31
32 # Set up axes
33 ax.set_xticklabels([''] + all_categories, rotation=90)
34 ax.set_yticklabels([''] + all_categories)
35
36 # Force label at every tick
37 ax.xaxis.set_major_locator(ticker.MultipleLocator(1))
38 ax.yaxis.set_major_locator(ticker.MultipleLocator(1))
39
40 # sphinx_gallery_thumbnail_number = 2
41 plt.show()
```

结果如图11.3所示。通过观察，读者可以从主轴上挑出一些亮点，以显示它猜错了哪些语言。例如，"中文/朝鲜语"以及"西班牙语/意大利语"会有混淆。它似乎预测希腊语名字十分准确，而英语名字则预测得很糟糕（可能是因为英语与其他语言重叠过多）。

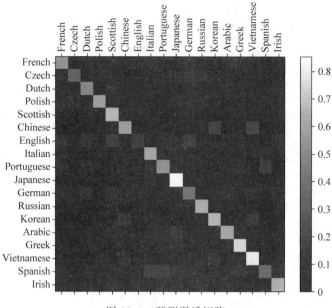

图 11.3　预测混淆矩阵

11.7　预测用户输入

用户可以输入任何希望预测的名字到模型中,代码如下。

```
1 def predict(input_line, n_predictions = 3):
2     print('\n> % s' % input_line)
3     with torch.no_grad():
4         output = evaluate(lineToTensor(input_line))
5
6         # Get top N categories
7         topv, topi = output.topk(n_predictions, 1, True)
8         predictions = []
9
10         for i in range(n_predictions):
11             value = topv[0][i].item()
12             category_index = topi[0][i].item()
13             print('(% .2f) % s' % (value, all_categories[category_index]))
14             predictions.append([value, all_categories[category_index]])
15
16 predict('Dovesky')
17 predict('Jackson')
18 predict('Satoshi')
```

输出如下。

```
> Dovesky
(-0.63) Russian
(-1.19) Czech
(-2.50) English

> Jackson
(-0.28) Scottish
(-2.01) English
(-3.34) Russian
```

第 12 章

基于CNN的视频行为识别

视频讲解

12.1 问题描述

行为识别是视频理解中的一项基础任务,它可以从视频中提取语义信息,进而可以为其他任务如行为检测、行为定位等提供通用的视频表征,推动其他任务的发展。与静态图片识别不同,视频行为识别的输入往往是多帧连续的图像,输入包括四个维度(通道、时间与图像宽高),如 $F \in \mathbb{R}^{N \times C \times T \times H \times W}$,因而行为识别的关键是有效地利用输入帧间的时空关系进行建模,并最终给出正确的行为类别标签。

现有的视频行为数据集大致可以划分为两种类型,第一类是场景相关数据集,包括 Kinetics[1]、UCF101[2]、HMDB51[3] 等,这一类的数据集场景提供了较多的语义信息,仅单帧图像便能很好地判断对应的行为,基于 2D 卷积的方法也能取得不错的结果[4,5]。第二类是时序相关数据集,包括 Something-Something V1&V2[6]、Jester[7] 等,这一类数据集对时间关系要求很高,需要足够多帧图像才能准确识别视频中的行为,常用基于 3D 卷积的方法学习帧间关系[8,9]。图 12.1 显示了时序相关数据集中"打开柜子"的例子,从单帧图像中手与柜子交互难以正确识别出对应行为,而且如果反转时序则会误识为"关闭柜子"。图 12.2 显示了场景相关数据集中"骑马"的例子,行为与场景高度相关,草地与马提供了较多的语义信息,仅一张图片便足以正确判断行为。

本章代码基于 TSM[10] 官方 GitHub 源码①构建,从数据准备、模型搭建、模型训练、模型评估以及特征图可视化等方面阐述了如何使用 PyTorch 进行基于 CNN 的视频行为识别,为感兴趣的读者提供了一个易于上手的例子。需要注意的是,为了便于读者理解,

---

① https://github.com/mit-han-lab/temporal-shift-module

笔者只对必要的部分源码进行了解释,未解释到的部分源码读者可选择性忽略。

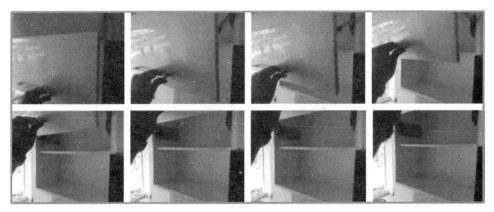

图 12.1 时序相关数据集举例:打开柜子

图 12.2 场景相关数据集举例:骑马

12.2 源码结构

TSM 的源码结构如图 12.3 所示,下面首先简要说明各文件的功能。

目录/archs 中包含模型搭建的 2D CNN 骨架,包含 BNInception[11] 和 MobileNetV2[12],而本章设计的模型基于 2D ResNet-50[13] 搭建,可以直接调用 torchvision. models. resnet 实现。

目录/online_demo 中包含一个基于 MobileNetV2 搭建的在线视频理解例子,由于不是本章的主要内容,故不赘述。

目录/ops 中包含模型搭建的一系列关键操作,basic_ops. py 中封装了对所有帧预测进行平均的相关函数;

图 12.3 源码结构

daset_config.py 封装了获取数据集的相关函数,读者需要自行修改对应数据集命名与所在目录地址;dataset.py 继承了 PyTorch 的 Dataset 类封装了数据集类,用于在 DataLoader 中进行数据供给;models.py 封装了 TSN[4] 模型骨架;non_local.py 封装了 Non-local block 的相关操作;temporal_shift.py 封装了 TSM 中最关键的时序移位操作;transforms.py 封装了对数据的预处理操作;utils.py 封装了一些辅助工具类,如平均值类、准确率计算类等。

目录/scripts 中则包含在 Kinetics 数据集上进行训练和验证以及在小数据集上微调的脚本。

目录/tools 中除了包含对 Kinetics 和 Something-SomethingV2 的抽帧处理,还包含 Kinetics 和 Something-Something 的标签生成。

main.py 为整个程序的入口,包括模型的训练和验证等;opt.py 则包含调用程序的相关命令行参数;test_model.py 用于对模型进行结果测试;README.md 为作者对整个仓库的一些说明以及预训练模型等。

12.3　数据准备

数据的准备包括对视频的抽帧处理、标签生成以及在/ops/dataset_config.py 中加入相关描述,由于视频的抽帧处理不是本章的重点,在此不赘述具体操作,感兴趣的读者可以参考 MMAction① 进行相关学习。下面以 Something-SomethingV1 数据集为例说明。

进入 Something-SomethingV1 数据集官网②,在提交使用者信息后,官网会显示下载链接,包含 26 个解压包以及 4 个标签文件。官方已经对数据进行抽帧处理,我们需要对标签文件进行相应处理,为此,需要调用/tools/gen_label_sthv1.py 生成 txt 标签,并修改/ops/dataset_config.py 中对应的目录地址为读者对应文件所在地址,由此便准备好了一个完整的可训练的视频行为识别数据集。

12.4　模型搭建与训练

在介绍模型的搭建与训练之前,需要先了解相关的命令行参数,除了如表 12.1 所示的命令参数,还有无名的必填参数 dataset 以及 modality,前者用于选择数据集,后者用于确定数据集类型,是 RGB 图像还是 Flow 光流图像。

表 12.1　命令行参数

参　数　名	默　认　值	作　　用
train_list	空,dataset_config.py 确定	训练集描述列表
val_list	空,dataset_config.py 确定	验证集描述列表

---

① 　https://github.com/open-mmlab/mmaction

② 　https://20bn.com/datasets/something-something/v1

续表

参　数　名	默　认　值	作　　用
root_path	空,dataset_config.py 确定	数据集父目录
store_name	空,main.py 确定	输出目录名
arch	BNInception	2D 骨架模型名
num_segments	3	输入帧数
consensus_type	avg	输入预测融合方式
k	3	无用
dropout	0.5	dropout 比率
loss_type	nll	损失函数类型
img_feature_dim	256	无用
suffix	None	输出目录后缀
pretrain	imagenet	预训练数据集
tune_from	None	微调权重目录
epochs1	120	训练迭代次数
b	128	批次大小
lr	0.001	初始学习率
lr_type	step	学习率调整方式
lr_steps	[50,100]	阶梯型衰减批次
momentum	0.9	优化器超参
weight-decay	5e-4	权重衰减系数
clip-gradient	None	梯度裁剪边界,防止梯度爆炸
no_partialbn	False	不使用部分 BN 层冻结策略
print-freq	20	打印步长
eval-freq	5	验证迭代步长
j	8	DataLoader 进程数
resume	空	权重重加载目录
e	无	是否验证模式
snapshot_pref	空	无用
start-epoch	0	用于重加载确定初始迭代次数
gpus	无	gpu 序号
slow_prefix	空	无用
root_log	log	日记输出目录
root_model	checkpoint	模型输出目录
shift	False	是否插入时序移位
shift_div	8	时序移位比率
shift_place	blockres	时序移位所处位置
temporal_pool	False	是否在时间维度使用池化降维
non_local	False	是否插入 non-local 模块
dense_sample	False	是否使用密集采样

　　下面以作者提供的在 Something-SomethingV1 数据集上的训练脚本为例,说明模型的搭建与训练。

```
python main.py something RGB \
    -- arch resnet50 -- num_segments 8 \
    -- gd 20 -- lr 0.01 -- lr_steps 20 40 -- epochs 50 \
    -- batch-size 64 - j 16 -- dropout 0.5 -- consensus_type = avg -- eval-freq = 1 \
    -- shift -- shift_div = 8 -- shift_place = blockres -- npb
```

如下所示,main.py 中第 55~65 行调用了 TSN 类,以 TSN 为骨架进行了模型搭建。

```
55. model = TSN(num_class, args.num_segments, args.modality,
56.              base_model = args.arch,
57.              consensus_type = args.consensus_type,
58.              dropout = args.dropout,
59.              img_feature_dim = args.img_feature_dim,
60.              partial_bn = not args.no_partialbn,
61.              pretrain = args.pretrain,
62.              is_shift = args.shift, shift_div = args.shift_div, shift_place = args.shift
    _place,
63.              fc_lr5 = not (args.tune_from and args.dataset in args.tune_from),
64.              temporal_pool = args.temporal_pool,
65.              non_local = args.non_local)
```

之后,程序进入/ops/model.py,第 43~46 行设置了输入数据的长度,RGB 图像为 1,其他图像为 5。

```
43. if new_length is None:
44.     self.new_length = 1 if modality == "RGB" else 5
45. else:
46.     self.new_length = new_length
```

/ops/mode.py 的第 59 行调用 self._prepare_base_model(base_model)进行基本模型的构建,下面以第 103~128 行构建 ResNet 基本模型为例,讲解基本模型的构建过程。

```
103. if 'resnet' in base_model:
104.     self.base_model = getattr(torchvision.models, base_model)(True if self.pretrain ==
    'imagenet' else False)
105.     if self.is_shift:
106.         print('Adding temporal shift...')
107.         from ops.temporal_shift import make_temporal_shift
108.         make_temporal_shift(self.base_model, self.num_segments,
109.                             n_div = self.shift_div, place = self.shift_place, temporal_
    pool = self.temporal_pool)
110.
111.     if self.non_local:
112.         print('Adding non-local module...')
113.         from ops.non_local import make_non_local
114.         make_non_local(self.base_model, self.num_segments)
115.
```

```
116.      self.base_model.last_layer_name = 'fc'
117.      self.input_size = 224
118.      self.input_mean = [0.485, 0.456, 0.406]
119.      self.input_std = [0.229, 0.224, 0.225]
120.
121.      self.base_model.avgpool = nn.AdaptiveAvgPool2d(1)
122.
123.      if self.modality == 'Flow':
124.          self.input_mean = [0.5]
125.          self.input_std = [np.mean(self.input_std)]
126.      elif self.modality == 'RGBDiff':
127.          self.input_mean = [0.485, 0.456, 0.406] + [0] * 3 * self.new_length
128.          self.input_std = self.input_std + [np.mean(self.input_std) * 2] * 3 *
      self.new_length
```

第 105～109 行调用/ops/temporal_shift.py 的第 97～139 行的 make_temporal_shift()插入了 temporal shift 模块，第 111～114 行插入了 non-local 模块，而后的代码设置了池化层，根据不同的输入设置了均值和方差。下面对/ops/temporal_shift.py 进行分析。make_temporal_shift()中关键的第 107～137 行进行了不同位置的插入。

```
107. if place == 'block':
108.     def make_block_temporal(stage, this_segment):
109.         blocks = list(stage.children())
110.         print('=> Processing stage with {} blocks'.format(len(blocks)))
111.         for i, b in enumerate(blocks):
112.             blocks[i] = TemporalShift(b, n_segment=this_segment, n_div=n_div)
113.         return nn.Sequential(*(blocks))
114.
115.     net.layer1 = make_block_temporal(net.layer1, n_segment_list[0])
116.     net.layer2 = make_block_temporal(net.layer2, n_segment_list[1])
117.     net.layer3 = make_block_temporal(net.layer3, n_segment_list[2])
118.     net.layer4 = make_block_temporal(net.layer4, n_segment_list[3])
119.
120. elif 'blockres' in place:
121.     n_round = 1
122.     if len(list(net.layer3.children())) >= 23:
123.         n_round = 2
124.         print('=> Using n_round {} to insert temporal shift'.format(n_round))
125.
126.     def make_block_temporal(stage, this_segment):
127.         blocks = list(stage.children())
128.         print('=> Processing stage with {} blocks residual'.format(len(blocks)))
129.         for i, b in enumerate(blocks):
130.             if i % n_round == 0:
131.                 blocks[i].conv1 = TemporalShift(b.conv1, n_segment=this_segment, n_
     div=n_div)
132.         return nn.Sequential(*blocks)
```

```
133.
134.    net.layer1 = make_block_temporal(net.layer1, n_segment_list[0])
135.    net.layer2 = make_block_temporal(net.layer2, n_segment_list[1])
136.    net.layer3 = make_block_temporal(net.layer3, n_segment_list[2])
137.    net.layer4 = make_block_temporal(net.layer4, n_segment_list[3])
```

其中调用的 TemporalShift 类封装了 temporal shift 操作,作者根据是否 inplace 编写了两种操作,而根据注释 inplace 操作在并行运算时存在问题,第 39~44 行非 inplace 的操作使用 PyTorch 的 tensor 切片进行了实现。

```
11. class TemporalShift(nn.Module):
12.     def __init__(self, net, n_segment = 3, n_div = 8, inplace = False):
13.         super(TemporalShift, self).__init__()
14.         self.net = net
15.         self.n_segment = n_segment
16.         self.fold_div = n_div
17.         self.inplace = inplace
18.         if inplace:
19.         print('=> Using in-place shift...')
20.         print('=> Using fold div: {}'.format(self.fold_div))
21.
22.     def forward(self, x):
23.         x = self.shift(x, self.n_segment, fold_div = self.fold_div, inplace = self.
                          inplace)
24.         return self.net(x)
25.
26.     @staticmethod
27.     def shift(x, n_segment, fold_div = 3, inplace = False):
28.         nt, c, h, w = x.size()
29.         n_batch = nt //n_segment
30.         x = x.view(n_batch, n_segment, c, h, w)
31.
32.         fold = c //fold_div
33.         if inplace:
34.             # Due to some out of order error when performing parallel computing.
35.             # May need to write a CUDA kernel.
36.             raise NotImplementedError
37.             # out = InplaceShift.apply(x, fold)
38.         else:
39.             out = torch.zeros_like(x)
40.             out[:, :-1, :fold] = x[:, 1:, :fold] # shift left
41.             out[:, 1:, fold: 2 * fold] = x[:, :-1, fold: 2 * fold] # shift right
42.             out[:, :, 2 * fold:] = x[:, :, 2 * fold:] # not shift
43.
44.         return out.view(nt, c, h, w)
```

回到/ops/models.py,第 61 行调用了 self._prepare_tsn(num_class),根据是否设置

dropout 添加了 dropout 层。第 63～67 行则根据不同类型的图像对网络进行了改造,由于其他类型的图像不是本章的重点,故不赘述。第 72 行调用 ConsensusModule 类对多帧预测进行了处理,第 77～79 行则设置了是否冻结非第一层以外的 BN 层。

至此,模型搭建完成,下面讲述模型的训练过程。回到 main.py,第 67～70 行设置了图像增强需要的参数,第 71 行设置了优化器使用到的不同层的参数,第 72 行设置了图像增强策略。

```
67. crop_size = model.crop_size
68. scale_size = model.scale_size
69. input_mean = model.input_mean
70. input_std = model.input_std
71. policies = model.get_optim_policies()
72. train_augmentation = model.get_augmentation(flip = False if 'something' in args.dataset
    or 'jester' in args.dataset else True)
```

第 74 行使用 DataParallel 将模型转换为多卡运行,第 76～79 行设置了优化器。

```
74. model = torch.nn.DataParallel(model, device_ids = args.gpus).cuda()
75.
76. optimizer = torch.optim.SGD(policies,
77.                             args.lr,
78.                             momentum = args.momentum,
79.                             weight_decay = args.weight_decay)
```

第 81～94 行设置如何进行模型重加载,用于暂停模型重新训练。第 96～123 行设置如何微调模型,用于不同数据集甚至不同结构之前参数的预训练。

```
86. if args.resume:
87.    if args.temporal_pool: # early temporal pool so that we can load the state_dict
88.        make_temporal_pool(model.module.base_model, args.num_segments)
89.    if os.path.isfile(args.resume):
90.        print(("=> loading checkpoint '{}'".format(args.resume)))
91.        checkpoint = torch.load(args.resume)
92.        args.start_epoch = checkpoint['epoch']
93.        best_prec1 = checkpoint['best_prec1']
94.        model.load_state_dict(checkpoint['state_dict'])
95.        optimizer.load_state_dict(checkpoint['optimizer'])
96.        print(("=> loaded checkpoint '{}' (epoch {})"
97.                .format(args.evaluate, checkpoint['epoch'])))
98.    else:
99.        print(("=> no checkpoint found at '{}'".format(args.resume)))
100.
101. if args.tune_from:
102.    print(("=> fine - tuning from '{}'".format(args.tune_from)))
103.    sd = torch.load(args.tune_from)
```

```
104.    sd = sd['state_dict']
105.    model_dict = model.state_dict()
106.    replace_dict = []
107.    for k, v in sd.items():
108.        if k not in model_dict and k.replace('.net', '') in model_dict:
109.            print('=> Load after remove .net: ', k)
110.            replace_dict.append((k, k.replace('.net', '')))
111.    for k, v in model_dict.items():
112.        if k not in sd and k.replace('.net', '') in sd:
113.            print('=> Load after adding .net: ', k)
114.            replace_dict.append((k.replace('.net', ''), k))
115.
116.    for k, k_new in replace_dict:
117.        sd[k_new] = sd.pop(k)
118.    keys1 = set(list(sd.keys()))
119.    keys2 = set(list(model_dict.keys()))
120.    set_diff = (keys1 - keys2) | (keys2 - keys1)
121.    print('#### Notice: keys that failed to load: {}'.format(set_diff))
122.    if args.dataset not in args.tune_from:  # new dataset
123.        print('=> New dataset, do not load fc weights')
124.        sd = {k: v for k, v in sd.items() if 'fc' not in k}
125.    if args.modality == 'Flow' and 'Flow' not in args.tune_from:
126.        sd = {k: v for k, v in sd.items() if 'conv1.weight' not in k}
127.    model_dict.update(sd)
128.    model.load_state_dict(model_dict)
```

第130～134行根据输入的图像类型设置了归一化策略,第136～139行则根据输入的图像类型设置了输入数据的长度。

```
130. # Data loading code
131. if args.modality != 'RGBDiff':
132.     normalize = GroupNormalize(input_mean, input_std)
133. else:
134.     normalize = IdentityTransform()
135.
136. if args.modality == 'RGB':
137.     data_length = 1
138. elif args.modality in ['Flow', 'RGBDiff']:
139.     data_length = 5
```

第141～154行调用/ops/dataset.py设置了训练数据的DataLoader,第156～170行设置了验证了数据的DataLoader,二者在数据处理时,放缩的比例以及裁剪的区域存在差别。

```
141. train_loader = torch.utils.data.DataLoader(
142.     TSNDataSet(args.root_path, args.train_list, num_segments = args.num_segments,
143.                new_length = data_length,
144.                modality = args.modality,
145.                image_tmpl = prefix,
146.                transform = torchvision.transforms.Compose([
147.                    train_augmentation,
148.                    Stack(roll = (args.arch in ['BNInception', 'InceptionV3'])),
149.                    ToTorchFormatTensor(div = (args.arch not in ['BNInception',
                                          'InceptionV3'])),
150.                    normalize,
151.                ]), dense_sample = args.dense_sample),
152.     batch_size = args.batch_size, shuffle = True,
153.     num_workers = args.workers, pin_memory = True,
154.     drop_last = True) # prevent something not % n_GPU
155.
156. val_loader = torch.utils.data.DataLoader(
157.     TSNDataSet(args.root_path, args.val_list, num_segments = args.num_segments,
158.                new_length = data_length,
159.                modality = args.modality,
160.                image_tmpl = prefix,
161.                random_shift = False,
162.                transform = torchvision.transforms.Compose([
163.                    GroupScale(int(scale_size)),
164.                    GroupCenterCrop(crop_size),
165.                    Stack(roll = (args.arch in ['BNInception', 'InceptionV3'])),
166.                    ToTorchFormatTensor(div = (args.arch not in ['BNInception',
                                          'InceptionV3'])),
167.                    normalize,
168.                ]), dense_sample = args.dense_sample),
169.     batch_size = args.batch_size, shuffle = False,
170.     num_workers = args.workers, pin_memory = True)
```

下面对/ops/dataset.py进行分析。文件封装了 TSNDataset，第50～53行设置了两种特殊的采样策略，其中，dense_sample 为对 64 帧进行密集采样，而 twice_sample 则进行二次平均采样。第 58 行的 self._parse_list()根据数据集的描述文件生成 VideoRecord 示例，封装单个视频的目录地址、帧数以及标签。在 DataLoader 取数据的时候，会调用__getitem__(self, index)函数，第 169～177 行根据数据的不同类型设置了视频目录地址。第 179～191 行检验了视频帧是否存在。第 193～196 行根据数据集的类型设置了不同的采样方式。第 197 行调用了 get(self, record, indices)进行了帧加载。

```
165. def __getitem__(self, index):
166.     record = self.video_list[index]
167.     # check this is a legit video folder
168.
169.     if self.image_tmpl == 'flow_{}_{:05d}.jpg':
```

```
170.        file_name = self.image_tmpl.format('x', 1)
171.        full_path = os.path.join(self.root_path, record.path, file_name)
172.    elif self.image_tmpl == '{:06d}-{}_{:05d}.jpg':
173.        file_name = self.image_tmpl.format(int(record.path), 'x', 1)
174.        full_path = os.path.join(self.root_path, '{:06d}'.format(int(record.path)),
    file_name)
175.    else:
176.        file_name = self.image_tmpl.format(1)
177.        full_path = os.path.join(self.root_path, record.path, file_name)
178.
179.    while not os.path.exists(full_path):
180.        print('################## Not Found:', os.path.join(self.
    root_path, record.path, file_name))
181.        index = np.random.randint(len(self.video_list))
182.        record = self.video_list[index]
183.        if self.image_tmpl == 'flow_{}_{:05d}.jpg':
184.            file_name = self.image_tmpl.format('x', 1)
185.            full_path = os.path.join(self.root_path, record.path, file_name)
186.        elif self.image_tmpl == '{:06d}-{}_{:05d}.jpg':
187.            file_name = self.image_tmpl.format(int(record.path), 'x', 1)
188.            full_path = os.path.join(self.root_path, '{:06d}'.format(int(record.
    path)), file_name)
189.        else:
190.            file_name = self.image_tmpl.format(1)
191.            full_path = os.path.join(self.root_path, record.path, file_name)
192.
193.    if not self.test_mode:
194.        segment_indices = self._sample_indices(record) if self.random_shift else
    self._get_val_indices(record)
195.    else:
196.        segment_indices = self._get_test_indices(record)
197.    return self.get(record, segment_indices)
```

下面回到 main.py。第 172～176 行设置了损失函数,默认为交叉熵函数,第 182～
184 行则判断是否为验证模型,若为验证模式则直接根据重加载的权重进行检验。第
186～188 行设置了日志和参数存储的文件,第 189 行设置了 Tensorboard 的绘制类。第
190～216 行则是模型训练与验证的核心,第 191 行根据当前 epoch 调整了学习率,第 194
行调用了一次迭代训练,第 196～216 行调用了验证函数,并根据验证的结果进行了模型
权重更新与存储。

```
186. log_training = open(os.path.join(args.root_log, args.store_name, 'log.csv'), 'w')
187. with open(os.path.join(args.root_log, args.store_name, 'args.txt'), 'w') as f:
188.     f.write(str(args))
189. tf_writer = SummaryWriter(log_dir=os.path.join(args.root_log, args.store_name))
190. for epoch in range(args.start_epoch, args.epochs):
191.     adjust_learning_rate(optimizer, epoch, args.lr_type, args.lr_steps)
```

```
192.
193.       # train for one epoch
194.       train(train_loader, model, criterion, optimizer, epoch, log_training, tf_writer)
195.
196.       # evaluate on validation set
197.       if (epoch + 1) % args.eval_freq == 0 or epoch == args.epochs - 1:
198.           prec1 = validate(val_loader, model, criterion, epoch, log_training, tf_writer)
199.
200.           # remember best prec@1 and save checkpoint
201.           is_best = prec1 > best_prec1
202.           best_prec1 = max(prec1, best_prec1)
203.           tf_writer.add_scalar('acc/test_top1_best', best_prec1, epoch)
204.
205.           output_best = 'Best Prec@1: %.3f\n' % (best_prec1)
206.           print(output_best)
207.           log_training.write(output_best + '\n')
208.           log_training.flush()
209.
210.           save_checkpoint({
211.               'epoch': epoch + 1,
212.               'arch': args.arch,
213.               'state_dict': model.state_dict(),
214.               'optimizer': optimizer.state_dict(),
215.               'best_prec1': best_prec1,
216.           }, is_best)
```

下面分析第 219~282 行的训练函数。第 220~224 行设置了指标均值类,在训练的整个过程中不断更新指标均值。第 226~229 行根据是否使用冻结 BN 层策略进行相应修改。第 239~251 行为前向传播过程,模型处理了视频输入帧,并计算了相应的损失以及 top-1 准确率和 top-5 准确率。第 253~260 行为后向传播过程,根据损失计算了相应梯度并进行随机梯度下降,同时对过大的梯度进行裁剪以避免梯度爆炸。第 266~277 行对日志进行打印。第 279~282 行则更新了 Tensorboard 的不同绘图指标。

```
1. def train(train_loader, model, criterion, optimizer, epoch, log, tf_writer):
2.     batch_time = AverageMeter()
3.     data_time = AverageMeter()
4.     losses = AverageMeter()
5.     top1 = AverageMeter()
6.     top5 = AverageMeter()
7.
8.     if args.no_partialbn:
9.         model.module.partialBN(False)
10.    else:
11.        model.module.partialBN(True)
12.
13.    # switch to train mode
```

```
14.    model.train()
15.
16.    end = time.time()
17.    for i, (input, target) in enumerate(train_loader):
18.        # measure data loading time
19.        data_time.update(time.time() - end)
20.
21.        target = target.cuda()
22.        input_var = torch.autograd.Variable(input)
23.        target_var = torch.autograd.Variable(target)
24.
25.        # compute output
26.        output = model(input_var)
27.        loss = criterion(output, target_var)
28.
29.        # measure accuracy and record loss
30.        prec1, prec5 = accuracy(output.data, target, topk = (1, 5))
31.        losses.update(loss.item(), input.size(0))
32.        top1.update(prec1.item(), input.size(0))
33.        top5.update(prec5.item(), input.size(0))
34.
35.        # compute gradient and do SGD step
36.        loss.backward()
37.
38.        if args.clip_gradient is not None:
39.            total_norm = clip_grad_norm_(model.parameters(), args.clip_gradient)
40.
41.        optimizer.step()
42.        optimizer.zero_grad()
43.
44.        # measure elapsed time
45.        batch_time.update(time.time() - end)
46.        end = time.time()
47.
48.        if i % args.print_freq == 0:
49.            output = ('Epoch: [{0}][{1}/{2}], lr: {lr:.5f}\t'
50.                      'Time {batch_time.val:.3f} ({batch_time.avg:.3f})\t'
51.                      'Data {data_time.val:.3f} ({data_time.avg:.3f})\t'
52.                      'Loss {loss.val:.4f} ({loss.avg:.4f})\t'
53.                      'Prec@1 {top1.val:.3f} ({top1.avg:.3f})\t'
54.                      'Prec@5 {top5.val:.3f} ({top5.avg:.3f})'.format(
55.                epoch, i, len(train_loader), batch_time = batch_time,
56.                data_time = data_time, loss = losses, top1 = top1, top5 = top5, lr = optimizer.
       param_groups[-1]['lr'] * 0.1)) # TODO
57.            print(output)
58.            log.write(output + '\n')
59.            log.flush()
60.
```

```
61.    tf_writer.add_scalar('loss/train', losses.avg, epoch)
62.    tf_writer.add_scalar('acc/train_top1', top1.avg, epoch)
63.    tf_writer.add_scalar('acc/train_top5', top5.avg, epoch)
64.    tf_writer.add_scalar('lr', optimizer.param_groups[-1]['lr'], epoch)
```

12.5　特征图可视化

　　为了进一步了解模型的特征表达的能力,我们使用显著性检测方法对特征进行可视化。我们对作者在 GitHub 上的代码①进行修改,得到如下的可视化代码,具体逻辑不是本章重点,感兴趣的读者可自行研读。

```
1.    from collections import OrderedDict
2.
3.    import os
4.    import cv2
5.    import torch
6.    import argparse
7.    import numpy as np
8.    from PIL import Image
9.    from scipy.ndimage import zoom
10.
11.   from ops import (
12.       TSNDataSet, TSN, return_dataset,
13.       AverageMeter, accuracy, make_temporal_pool,
14.       GroupNormalize, GroupScale, GroupCenterCrop,
15.       IdentityTransform, Stack, ToTorchFormatTensor
16.   )
17.   import torchvision
18.
19.
20.   def load_images(frame_dir, selected_frames, transform1, transform2):
21.       images = np.zeros((8, 224, 224, 3))
22.       orig_imgs = np.zeros_like(images)
23.       images_group = list()
24.       for i, frame_name in enumerate(selected_frames):
25.           im_name = os.path.join(frame_dir, frame_name)
26.           img = Image.open(im_name).convert('RGB')
27.           images_group.append(img)
28.           r_image = np.array(img)[:,:,::-1]
29.           orig_imgs[i] = transform2([Image.fromarray(r_image)])
30.       torch_imgs = transform1(images_group)
```

---

① https://github.com/alexandrosstergiou/Saliency-Tubes-Visual-Explanations-for-Spatio-Temporal-Convolutions

```
31.        return np.expand_dims(orig_imgs, 0), torch_imgs
32.
33.
34.  def get_index(num_frames, num_segments):
35.      if num_frames > num_segments:
36.          tick = num_frames / float(num_segments)
37.          offsets = np.array([int(tick / 2.0 + tick * x) for x in range(num_segments)])
38.      else:
39.          offsets = np.zeros((num_segments,))
40.      return offsets + 1
41.
42.
43.  def parse_args():
44.      parser = argparse.ArgumentParser(description = 'mfnet-base-parser')
45.      parser.add_argument("--num-classes", type = int)
46.      parser.add_argument("--model", type = str)
47.      parser.add_argument("--weights", type = str)
48.      parser.add_argument("--frame-dir", type = str)
49.      parser.add_argument("--label", type = int)
50.      parser.add_argument("--base-output-dir", type = str, default =
   r"visualisations")
51.      return parser.parse_args()
52.
53.  args = parse_args()
54.
55.
56.  # load network structure, load weights, set to evaluation mode
57.  print("load model")
58.  model = TSN(174, 8, 'RGB', 'TSM', backbone = 'resnet50', consensus_type = 'avg', dropout
   = 0.5, partial_bn = False, pretrain = 'ImageNet', is_shift = True, fc_lr5 = True,
   temporal_pool = False, non_local = False)
59.  checkpoint = torch.load(args.weights, map_location = torch.device('cpu'))
60.  pretrained_dict = checkpoint['state_dict']
61.  new_state_dict = OrderedDict()
62.  for k, v in pretrained_dict.items():
63.      name = k[7:] # remove 'module.'
64.      # name = name.replace('.net', '')
65.      new_state_dict[name] = v
66.  model.load_state_dict(new_state_dict)
67.  model.eval()
68.
69.
70.  # load image
71.  frame_names = os.listdir(args.frame_dir)
72.  frame_indices = get_index(len(frame_names), 8)
73.  selected_frames = ['{:05d}.jpg'.format(i) for i in frame_indices]
74.  print(selected_frames)
75.
```

```
76.  print("load images")
77.  crop_size = model.crop_size
78.  scale_size = model.scale_size
79.  input_mean = model.input_mean
80.  input_std = model.input_std
81.
82.  transform1 = torchvision.transforms.Compose([
83.      GroupScale(int(scale_size)),
84.      GroupCenterCrop(crop_size),
85.      Stack(),
86.      ToTorchFormatTensor(),
87.      GroupNormalize(input_mean, input_std)
88.  ])
89.
90.  transform2 = torchvision.transforms.Compose([
91.      GroupScale(int(scale_size)),
92.      GroupCenterCrop(crop_size),
93.      Stack()
94.  ])
95.
96.  RGB_vid, vid = load_images(args.frame_dir, selected_frames, transform1, transform2)
97.
98.
99.  # get predictions, last convolution output and the weights of the prediction layer
100. print("get output")
101. predictions = model(vid)
102. layerout = model.base_model.layerout
103. layerout = torch.tensor(layerout.numpy().transpose(0, 2, 3, 1))
104. pred_weights = model.new_fc.weight.data.detach().cpu().numpy().transpose()
105.
106.
107. pred = torch.argmax(predictions).item()
108.
109.
110. cam = np.zeros(dtype = np.float32, shape = layerout.shape[0:3])
111. for i, w in enumerate(pred_weights[:, args.label]):
112.
113.     # Compute cam for every kernel
114.     cam += w * layerout[:, :, :, i].numpy()
115.
116. # Resize CAM to frame level
117. cam = zoom(cam, (1, 32, 32)) # output map is 8x7x7, so multiply to get to 16x224x224
     (original image size)
118.
119. # normalize
120. cam -= np.min(cam)
121. cam /= np.max(cam) - np.min(cam)
122.
```

```
123. # make dirs and filenames
124. example_name = os.path.basename(args.frame_dir)
125. heatmap_dir = os.path.join(args.base_output_dir, example_name, args.model, "
     heatmap")
126. focusmap_dir = os.path.join(args.base_output_dir, example_name, args.model, "
     focusmap")
127. for d in [heatmap_dir, focusmap_dir]:
128.     if not os.path.exists(d):
129.         os.makedirs(d)
130.
131. file = open(os.path.join(args.base_output_dir, example_name, args.model, "info.
     txt"),"a")
132. file.write("Visualizing for class {}\n".format(args.label))
133. file.write("Predicted class {}\n".format(pred))
134. file.close()
135.
136. # produce heatmap and focusmap for every frame and activation map
137. for i in range(0, cam.shape[0]):
138. # Create colourmap
139.     heatmap = cv2.applyColorMap(np.uint8(255 * cam[i]), cv2.COLORMAP_JET)
140. # Create focus map
141.     focusmap = np.uint8(255 * cam[i])
142.     focusmap = cv2.normalize(cam[i], dst = focusmap, alpha = 20, beta = 255, norm_type =
     cv2.NORM_MINMAX, dtype = cv2.CV_8UC1)
143.
144.     # Create frame with heatmap
145.     heatframe = heatmap//2 + RGB_vid[0][i]//2
146.     cv2.imwrite(os.path.join(heatmap_dir,'{:03d}.png'.format(i)), heatframe)
147.
148.     # Create frame with focus map in the alpha channel
149.     focusframe = RGB_vid[0][i]
150.     focusframe = cv2.cvtColor(np.uint8(focusframe), cv2.COLOR_BGR2BGRA)
151.     focusframe[:,:,3] = focusmap
152.     cv2.imwrite(os.path.join(focusmap_dir,'{:03d}.png'.format(i)), focusframe)
153.
154. print("Visualizing for class {}".format(args.label))
155. print(("Predicted class {}".format(pred)))
```

最终会得到类似如图 12.4 所示的热力图,从红色到黄色到绿色到蓝色,网络的关注度从大到小,可以看到模块可以很好地定位到运动发生的时空区域。

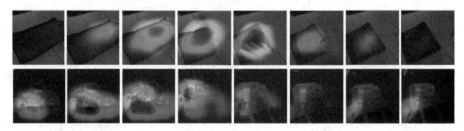

图 12.4　特征图可视化

第13章

实现对抗性样本生成

视频讲解

如果你正在阅读这章内容,希望你能理解一些机器学习模型是多么有效。现在的研究正在不断推动 ML 模型变得更快、更准确和更高效。然而,在设计和训练模型时经常会忽视的是安全性和健壮性方面,特别是在面对欺骗模型的对手时。

本章将提高读者对 ML 模型安全漏洞的认识,并将深入探讨对抗性机器学习这一热门话题。读者可能会惊讶地发现,在图像中添加细微的干扰会导致模型性能的巨大差异。本章将通过一个图像分类器上的示例来探索这个主题。具体来说,本章将使用第一个也是最流行的攻击方法之一——快速梯度符号攻击(Fast Gradient Sign Attack,FGSM),以欺骗一个 MNIST 分类器。

13.1 威胁模型

就上下文而言,有许多类型的对抗性攻击,每一类攻击都有不同的目标和对攻击者知识的假设。然而,总的目标是在输入数据中添加最少的扰动,以导致所需的错误分类。攻击者的知识有几种假设,其中两种是:白盒和黑盒。白盒攻击假定攻击者具有对模型的全部知识和访问权,包括体系结构、输入、输出和权重。黑盒攻击假设攻击者只访问模型的输入和输出,对底层架构或权重一无所知。目标也有几种类型,包括错误分类和源/目标错误分类。错误分类的目标意味着对手只希望输出分类是错误的,而不关心新的分类是什么。源/目标错误分类意味着对手想要更改原来属于特定源类的图像,以便将其分类为特定的目标类。

在这种情况下,FGSM 攻击是一种以错误分类为目标的白盒攻击。有了这些背景信息,现在可以详细讨论攻击了。

13.2　快速梯度符号攻击

到目前为止,最早也是最流行的对抗性攻击之一被称为快速梯度符号攻击(FGSM),由 Goodfellow 等人在解释和利用对抗性示例时介绍到。这种攻击非常强大,而且直观。FGSM 直接利用神经网络的学习方式——梯度更新,来攻击神经网络。这个想法很简单,比起根据后向传播梯度来调整权重使损失最小化,这种攻击是根据相同的反向传播梯度调整输入数据来最大化损失。换句话说,攻击使用了输入数据相关的梯度损失方式,通过调整输入数据,使损失最大化。在进入代码之前,下面先看一下著名的 FGSM panda 示例并提取一些表示法。

如图 13.1 所示,x 是一个正确分类为"熊猫"(panda)的原始输入图像,y 是 x 的真实标签,θ 表示模型参数,$J(\theta,x,y)$表示用来训练网络的损失函数。对抗攻击通过对输入图片 x 计算反向传播梯度 $\Delta_x J(\theta,x,y)$。对抗攻击通过对输入图片 x 计算反向传播梯度 $\Delta_x J(\theta,x,y)$,然后将输入的数据 x 通过一小步 ε 在反向传播梯度方向调整,使损失函数最大化(如图 12.1 中 ε=0.007,反向传播梯度方向为 $\text{sign}(\Delta_x J(\theta,x,y))$),结果将得到受到扰动的图像 x'。图像 cx'尽管还是"熊猫",但会被目标网络错误分类为"长臂猿"(gibbon),对抗攻击也就成功了。

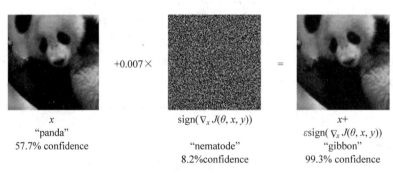

$$x$$
"panda"
57.7% confidence

$$\text{sign}(\nabla_x J(\theta, x, y))$$
"nematode"
8.2%confidence

$$x+$$
$$\varepsilon\text{sign}(\nabla_x J(\theta, x, y))$$
"gibbon"
99.3% confidence

图 13.1　FGSM panda 快速梯度符号攻击

希望看到现在的你,已经明确了解了本章的目的,下面开始实现它。

```python
from __future__ import print_function
import torch
import torch.nn as nn
import torch.nn.functional as F
import torch.optim as optim
from torchvision import datasets, transforms
import numpy as np
import matplotlib.pyplot as plt
```

13.3 代码实现

在本节中,将讨论模型的输入参数,定义受到攻击的模型,然后编写攻击代码并运行一些测试。

13.3.1 输入

对抗样本模型只有三个输入,定义如下。

(1) epsilons——用于运行的 epsilon 值列表。在列表中保留 0 很重要,因为它代表原始测试集上的模型性能。同样地,从直觉上讲,我们期望 ε 越大,扰动越明显,但是从降低模型准确性的角度来看,攻击越有效。由于这里的数据范围是[0,1],则 epsilon 值不能超过 1。

(2) pretrained_model——使用 https://github.com/pytorch/examples/tree/master/mnist 训练的预训练 MNIST 模型的路径。为简单起见,请在 https://drive.google.com/drive/folders/1fn83DF14tWmit0RTKWRhPq5uVXt73e0h? usp=sharing 下载预训练的模型。

(3) use_cuda——布尔标志,如果需要和可用,则使用 CUDA。请注意,具有 CUDA 的 GPU 在本章中并不重要,因为 CPU 不会花费很多时间。

```
epsilons = [0, .05, .1, .15, .2, .25, .3]
pretrained_model = "data/lenet_mnist_model.pth"
use_cuda = True
```

13.3.2 受到攻击的模型

如前所述,受攻击模型与 pytorch/examples/mnist 中的 MNIST 模型相同。读者可以训练并保存自己的 MNIST 模型,也可以下载并使用提供的模型。这里的 Net 定义和测试 DataLoader 是从 MNIST 示例中复制的。本节的目的是定义模型和加载数据,然后初始化模型并加载预先训练的权重。

代码:

```
# LeNet Model definition
class Net(nn.Module):
    def __init__(self):
        super(Net, self).__init__()
        self.conv1 = nn.Conv2d(1, 10, kernel_size = 5)
        self.conv2 = nn.Conv2d(10, 20, kernel_size = 5)
        self.conv2_drop = nn.Dropout2d()
        self.fc1 = nn.Linear(320, 50)
        self.fc2 = nn.Linear(50, 10)
```

```python
    def forward(self, x):
        x = F.relu(F.max_pool2d(self.conv1(x), 2))
        x = F.relu(F.max_pool2d(self.conv2_drop(self.conv2(x)), 2))
        x = x.view(-1, 320)
        x = F.relu(self.fc1(x))
        x = F.dropout(x, training=self.training)
        x = self.fc2(x)
        return F.log_softmax(x, dim=1)

# MNIST Test dataset and dataloader declaration
test_loader = torch.utils.data.DataLoader(
    datasets.MNIST('../data', train=False, download=True, transform=transforms.
Compose([
        transforms.ToTensor(),
        ])),
        batch_size=1, shuffle=True)

# Define what device we are using
print("CUDA Available: ",torch.cuda.is_available())
device = torch.device("cuda" if (use_cuda and torch.cuda.is_available()) else "cpu")

# Initialize the network
model = Net().to(device)

# Load the pretrained model
model.load_state_dict(torch.load(pretrained_model, map_location='cpu'))

# Set the model in evaluation mode. In this case this is for the Dropout layers
model.eval()
```

输出：

```
Downloading http://yann.lecun.com/exdb/mnist/train-images-idx3-ubyte.gz to ../data/
MNIST/raw/train-images-idx3-ubyte.gz
Extracting ../data/MNIST/raw/train-images-idx3-ubyte.gz to ../data/MNIST/raw
Downloading http://yann.lecun.com/exdb/mnist/train-labels-idx1-ubyte.gz to ../data/
MNIST/raw/train-labels-idx1-ubyte.gz
Extracting ../data/MNIST/raw/train-labels-idx1-ubyte.gz to ../data/MNIST/raw
Downloading http://yann.lecun.com/exdb/mnist/t10k-images-idx3-ubyte.gz to ../data/
MNIST/raw/t10k-images-idx3-ubyte.gz
Extracting ../data/MNIST/raw/t10k-images-idx3-ubyte.gz to ../data/MNIST/raw
Downloading http://yann.lecun.com/exdb/mnist/t10k-labels-idx1-ubyte.gz to ../data/
MNIST/raw/t10k-labels-idx1-ubyte.gz
Extracting ../data/MNIST/raw/t10k-labels-idx1-ubyte.gz to ../data/MNIST/raw
Processing...
Done!
CUDA Available: True
```

13.3.3　FGSM 攻击

现在,可以通过干扰原始输入来定义创建对抗示例的函数。该 fgsm_attack 函数需要三个输入,图像是原始的干净图像,epsilon 是像素方向的扰动量,而 data_grad 是输入图片。定义该函数然后创建扰动图像为

$$perturbed\_image = image + epsilon * sign(data\_grad) = x + \varepsilon * sign(\nabla_x J(\theta, x, y))$$

最后,为了保持数据的原始范围,将受干扰的图像裁剪到一定范围:[0,1]。

```
# FGSM attack code
def fgsm_attack(image, epsilon, data_grad):
    # Collect the element-wise sign of the data gradient
    sign_data_grad = data_grad.sign()
    # Create the perturbed image by adjusting each pixel of the input image
    perturbed_image = image + epsilon * sign_data_grad
    # Adding clipping to maintain [0,1] range
    perturbed_image = torch.clamp(perturbed_image, 0, 1)
    # Return the perturbed image
    return perturbed_image
```

13.3.4　测试功能

最后,本章的主要结果来自 test 函数。每次调用此测试功能都会在 MNIST 测试集中执行完整的测试步骤,并报告最终精度。但是请注意,此功能还需要输入 epsilon。这是因为该 test 功能报告了受到对手强大攻击的模型的准确性。更具体地说,对于测试集中的每个样本,函数都会计算输入数据的损耗梯度,使用 fgsm_attack,然后检查受干扰的示例是否具有对抗性。除了测试模型的准确性外,该函数还保存并返回了一些成功的对抗示例,以供以后可视化。

```
def test( model, device, test_loader, epsilon ):

    # Accuracy counter
    correct = 0
    adv_examples = []

    # Loop over all examples in test set
    for data, target in test_loader:

        # Send the data and label to the device
        data, target = data.to(device), target.to(device)

        # Set requires_grad attribute of tensor. Important for Attack
        data.requires_grad = True

        # Forward pass the data through the model
        output = model(data)
```

```
        init_pred = output.max(1, keepdim = True)[1] # get the index of the max log - probability

        # If the initial prediction is wrong, dont bother attacking, just move on
        if init_pred.item() != target.item():
            continue

        # Calculate the loss
        loss = F.nll_loss(output, target)

        # Zero all existing gradients
        model.zero_grad()

        # Calculate gradients of model in backward pass
        loss.backward()

        # Collect datagrad
        data_grad = data.grad.data

        # Call FGSM Attack
        perturbed_data = fgsm_attack(data, epsilon, data_grad)

        # Re - classify the perturbed image
        output = model(perturbed_data)

        # Check for success
        final_pred = output.max(1, keepdim = True)[1] # get the index of the max log -
probability
        if final_pred.item() == target.item():
            correct += 1
            # Special case for saving 0 epsilon examples
            if (epsilon == 0) and (len(adv_examples) < 5):
                adv_ex = perturbed_data.squeeze().detach().cpu().numpy()
                adv_examples.append( (init_pred.item(), final_pred.item(), adv_ex))
        else:
            # Save some adv examples for visualization later
            if len(adv_examples) < 5:
                adv_ex = perturbed_data.squeeze().detach().cpu().numpy()
                adv_examples.append( (init_pred.item(), final_pred.item(), adv_ex))

    # Calculate final accuracy for this epsilon
    final_acc = correct/float(len(test_loader))
    print("Epsilon: {}\tTest Accuracy = {} / {} = {}".format(epsilon, correct, len(test_
loader), final_acc))

    # Return the accuracy and an adversarial example
    return final_acc, adv_examples
```

13.3.5 运行攻击

实现的最后一部分是实际运行攻击。在这里,为 epsilons 输入中的每个 epsilon 值运行一个完整的测试步骤。对于每个 epsilon,保存最终精度,并在接下来的部分中绘制一些成功的对抗示例。请注意,随着值的增加,打印的精度如何降低。另外,请注意,外壳代表原始的测试准确性,没有任何攻击。

```
accuracies = []
examples = []

# Run test for each epsilon
for eps in epsilons:
    acc, ex = test(model, device, test_loader, eps)
    accuracies.append(acc)
    examples.append(ex)Copy
```

输出:

```
Epsilon: 0 Test Accuracy = 9810 / 10000 = 0.981
Epsilon: 0.05 Test Accuracy = 9426 / 10000 = 0.9426
Epsilon: 0.1 Test Accuracy = 8510 / 10000 = 0.851
Epsilon: 0.15 Test Accuracy = 6826 / 10000 = 0.6826
Epsilon: 0.2 Test Accuracy = 4301 / 10000 = 0.4301
Epsilon: 0.25 Test Accuracy = 2082 / 10000 = 0.2082
Epsilon: 0.3 Test Accuracy = 869 / 10000 = 0.0869Copy
```

13.3.6 结果分析

第一个结果是 accuracy 与 ε 曲线的关系。如前所述,随着 ε 的增加,我们期望测试精度会降低。这是因为较大的 ε 意味着我们朝着将损失最大化的方向迈出了更大的一步。请注意,即使 epsilon 值是线性间隔的,曲线中的趋势也不是线性的。例如,在$\epsilon=0.05$ 仅比$\epsilon=0$ 约低 4%,但 accuracy 为$\epsilon=0.2$ 比$\epsilon=0.15$ 低 25%。另外,请注意,对于介于$\epsilon=0.25$ 和$\epsilon=0.3$ 的时候,模型的输出近乎是随机输出的(低于 10% 的准确率)。结果如图 13.2 所示。

```
plt.figure(figsize = (5,5))
plt.plot(epsilons, accuracies, "* - ")
plt.yticks(np.arange(0, 1.1, step = 0.1))
plt.xticks(np.arange(0, .35, step = 0.05))
plt.title("Accuracy vs Epsilon")
plt.xlabel("Epsilon")
plt.ylabel("Accuracy")
plt.show()
```

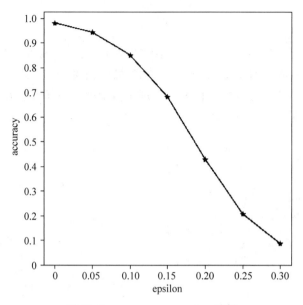

图 13.2　accuracy vs. epsilon 选择

13.4　对抗示例

还记得没有免费午餐的想法吗？在这种情况下，随着 ε 的增加，测试精度降低，但是扰动变得更容易察觉。实际上，攻击者必须考虑准确性降低和可感知性之间的权衡。在这里，展示了每个 epsilon 值的成功对抗示例。绘图的每一行显示不同的 ε 值。第一行是 ε＝0 代表原始"干净"图像且无干扰的示例。每个图像的标题显示"原始分类->对抗分类"。请注意，扰动在以下位置开始变得明显：ε＝0.15 和 ε＝0.3。然而，在所有情况下，尽管增加了噪声，人类仍然能够识别正确的类别。对抗示例如图 13.3 所示。

```
# Plot several examples of adversarial samples at each epsilon
cnt = 0
plt.figure(figsize = (8,10))
for i in range(len(epsilons)):
    for j in range(len(examples[i])):
        cnt += 1
        plt.subplot(len(epsilons),len(examples[0]),cnt)
        plt.xticks([], [])
        plt.yticks([], [])
        if j == 0:
            plt.ylabel("Eps: {}".format(epsilons[i]), fontsize = 14)
        orig,adv,ex = examples[i][j]
        plt.title("{} -> {}".format(orig, adv))
        plt.imshow(ex, cmap = "gray")
plt.tight_layout()
plt.show()Copy
```

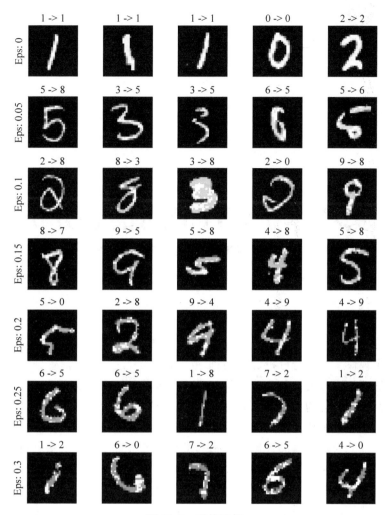

图 13.3　对抗示例

13.5　小结

希望通过本章的学习,读者能够对对抗性机器学习有所了解。从这里可以找到许多潜在的方向。这种攻击代表了对抗性攻击研究的最开始,并且随后出现了很多关于如何攻击和防御对手的 ML 模型的想法。实际上,在 NIPS 2017 上有一个对抗性的攻击和防御竞赛,并且本文描述了该竞赛中使用的许多方法。国防方面的工作还引发了使机器学习模型总体上更加健壮的想法,以适应自然扰动和对抗性输入。

另一个方向是不同领域的对抗性攻击和防御。对抗性研究不仅限于图像领域,请查看这种对语音到文本模型的攻击。但是,也许更多地了解对抗性机器学习的最好方法是亲自实践。尝试实施与 NIPS 2017 竞赛不同的攻击,并查看其与 FGSM 的不同之处。然后,尝试保护模型免受自己的攻击。

第**14**章

实现基于LSTM的情感分析

视频讲解

文本情感分析（Sentiment Analysis）是指利用自然语言处理和文本挖掘技术，对带有情感色彩的主观性文本进行分析、处理和抽取的过程。目前，文本情感分析研究涵盖了包括自然语言处理、文本挖掘、信息检索、信息抽取、机器学习和本体学等多个领域，得到了许多学者以及研究机构的关注，近几年持续成为自然语言处理和文本挖掘领域研究的热点问题之一。情感分析任务按其分析的粒度可分为篇章级、句子级、词或短语级；按其处理文本的类别可分为基于产品评论的情感分析和基于新闻评论的情感分析；按其研究的任务类型，可分为情感分类、情感检索和情感抽取等子问题。

本章主要介绍情感分类。情感分类又称情感倾向性分析，是指对给定的文本，识别其中主观性文本的倾向是肯定的还是否定的，或者说是正面的还是负面的，这是情感分析领域研究最多的内容。通常，网络文本存在大量的主观性文本和客观性文本。客观性文本是对事物的客观性描述，不带有感情色彩和情感倾向；主观性文本则是作者对各种事物的看法或想法，带有作者的喜好厌恶等情感倾向。情感分类的对象是带有情感倾向的主观性文本，因此情感分类首先要进行文本的主客观分类。文本的主客观分类主要以情感词识别为主，利用不同的文本特征表示方法和分类器进行识别分类，对网络文本事先进行主客观分类，能够提高情感分类的速度和准确度。

14.1 情感分析常用的 Python 工具库

14.1.1 PyTorch

PyTorch 是一个开源的 Python 机器学习库，基于 Torch，用于自然语言处理等应用程序。PyTorch 的前身是 Torch，其底层和 Torch 框架一样，但是使用 Python 重新写了很多内容，不仅更加灵活，支持动态图，而且提供了 Python 接口。它是由 Torch7 团队开发，是一个以 Python 优先的深度学习框架，不仅能够实现强大的 GPU 加速，同时还支持动态神经网络，这是很多主流深度学习框架比如 TensorFlow 等都不支持的。

14.1.2 tqdm

tqdm 是一个快速、可扩展的 Python 进度条，可以在 Python 长循环中添加一个进度提示信息，用户只需要封装任意的迭代器 tqdm(iterator)即可。

14.1.3 Pandas

Pandas 是基于 NumPy 的一种工具，该工具是为了解决数据分析任务而创建的。Pandas 纳入了大量库和一些标准的数据模型，提供了高效地操作大型数据集所需的工具。Pandas 提供了大量能使用户快速便捷地处理数据的函数和方法。

14.1.4 Gensim

Gensim 是一个用于从文档中自动提取语义主题的 Python 库。Gensim 可以处理原生、非结构化的数值化文本(纯文本)。Gensim 里面的算法，如 Latent Semantic Analysis (LSA)、Latent Dirichlet Allocation、Random Projections，通过在语料库的训练下检验词的统计共生模式来发现文档的语义结构。这些算法是非监督的，也就是说，只需要一个语料库的文档集。当得到这些统计模式后，任何文本都能够用语义表示来简洁地表达，并得到一个局部的相似度与其他文本区分开来。

14.1.5 collections

collections 是 Python 内建的一个集合模块，提供了许多有用的集合类。该模块实现了专门的容器数据类型，提供了 Python 的通用内置容器、dict、list、set 和 tuple 的替代方法。

在内置数据类型(dict、list、set、tuple)的基础上，collections 模块还提供了几个额外的数据类型：Counter、deque、defaultdict、namedtuple 和 OrderedDict 等。

14.2 数据样本分析

下面所使用的数据是 IMDB 的数据，IMDB 数据集包含来自互联网的 50 000 条严重两极分化的评论，该数据被分为用于训练的 25 000 条评论和用于测试的 25 000 条评论，训练集和测试集都包含 50% 的正面评价和 50% 的负面评价，如图 14.1 和图 14.2 所示。

Story of a man who has unnatural feelings for a pig. Starts out with a opening scene that is a terrific example of absurd comedy. A formal orchestra audience is turned into an insane, violent mob by the crazy chantings of it's singers. Unfortunately it stays absurd the WHOLE time with no general narrative eventually making it just too off putting. Even those from the era should be turned off. The cryptic dialogue would make Shakespeare seem easy to a third grader. On a technical level it's better than you might think with some good cinematography by future great Vilmos Zsigmond. Future stars Sally Kirkland and Frederic Forrest can be seen briefly.

图 14.1　负面评价数据集

Bromwell High is a cartoon comedy. It ran at the same time as some other programs about school life, such as "Teachers". My 35 years in the teaching profession lead me to believe that Bromwell High's satire is much closer to reality than is "Teachers". The scramble to survive financially, the insightful students who can see right through their pathetic teachers' pomp, the pettiness of the whole situation, all remind me of the schools I knew and their students. When I saw the episode in which a student repeatedly tried to burn down the school, I immediately recalled .... at .... High. A classic line: INSPECTOR: I'm here to sack one of your teachers. STUDENT: Welcome to Bromwell High. I expect that many adults of my age think that Bromwell High is far fetched. What a pity that it isn't!

图 14.2　正面评价数据集

14.3　数据预处理

因为这个数据集非常小,所以如果用这个数据集做 word embedding 有可能过拟合,而且模型没有通用性,所以传入一个已经学好的 word embedding。用的是 glove 的 6B,100 维的预训练数据。glove 数据格式如图 14.3 所示。

```
the -0.038194 -0.24487 0.72812 -0.39961 0.083172 0.043953 -0.39141 0.3344 -0.57545 0.087459 0.28787 -0.06731 0.30906 -0.26384 -0.13231
-0.20757 0.33395 -0.33848 -0.31743 -0.48336 0.1464 -0.37304 0.34577 0.052041 0.44946 -0.46971 0.02628 -0.54155 -0.15518 -0.14107 -0.039
722 0.28277 0.14393 0.23464 -0.31021 0.086173 0.20397 0.52624 0.17164 -0.082378 -0.71787 -0.41531 0.20335 -0.12763 0.41367 0.55187 0.57
908 -0.33477 -0.36559 -0.54857 -0.062892 0.26584 0.30205 0.99775 -0.80481 -3.0243 0.01254 -0.36942 2.2167 0.72201 -0.24978 0.92136 0.03
4514 0.46745 1.1079 -0.19358 -0.074575 0.23353 -0.052062 -0.22044 0.057162 -0.15806 -0.30798 -0.41625 0.37972 0.15006 -0.53212 -0.2055
-1.2526 0.071624 0.70565 0.49744 -0.42063 0.26148 -1.538 -0.30223 -0.073438 -0.28312 0.37104 -0.25217 0.016215 -0.017099 -0.38984 0.874
24 -0.72569 -0.51058 -0.52028 -0.1459 0.8278 0.27062

, -0.10767 0.11053 0.59812 -0.54361 0.67396 0.10663 0.038867 0.35481 0.06351 -0.094189 0.15786 -0.81665 0.14172 0.21939 0.58505 -0.5215
8 0.22783 -0.16642 -0.68228 0.3587 0.42568 0.19021 0.91963 0.57555 0.46185 0.42363 -0.095399 -0.42749 -0.16567 -0.056842 -0.29595 0.260
37 -0.26606 -0.070404 -0.27662 0.15821 0.69825 0.43081 0.27952 -0.45437 -0.33801 -0.58184 0.22364 -0.5778 -0.26862 -0.20425 0.56394 -0.
58524 -0.14365 -0.64218 0.0054697 -0.35248 0.16162 1.1796 -0.47674 -2.7553 -0.1321 -0.047729 1.0655 1.1034 -0.2208 0.18669 0.13177 0.15
117 0.7131 -0.35215 0.91348 0.61783 0.70992 0.23955 -0.14571 -0.37859 -0.045959 -0.47368 0.2385 0.20536 -0.18996 0.32507 -1.1112 -0.363
41 0.98679 -0.084776 -0.54008 0.11726 -1.0194 -0.24424 0.12771 0.013884 0.080374 -0.35414 0.34951 -0.7226 0.37549 0.4441 -0.99059 0.612
14 -0.35111 -0.83155 0.45293 0.082577
```

图 14.3　已经训练好的 glove 数据

14.4　算法模型

14.4.1　循环神经网络

循环神经网络(Recurrent Neural Network,RNN)是一类专门用于处理时序数据样本的神经网络,它的每一层不仅输出给下一层,同时还输出一个隐状态,供当前层在处理下一个样本时使用。就像卷积神经网络可以很容易地扩展到具有很大宽度和高度的图像,而且一些卷积神经网络还可以处理不同尺寸的图像,循环神经网络可以扩展到更长的序列数据,而且大多数的循环神经网络可以处理序列长度不同的数据(for 循环,变量长度可变)。它可以看作是带自循环反馈的全连接神经网络。其网络结构如图 14.4 所示。

一般地,RNN 包含如下三个特性。

(1)循环神经网络能够在每个时间节点产生一个输出,且隐单元间的连接是循环的。

(2)循环神经网络能够在每个时间节点产生一个输出,且该时间节点上的输出仅与下一时间节点的隐单元有循环连接。

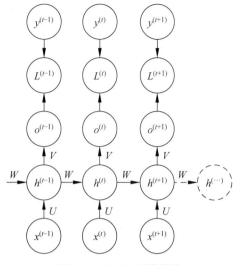

图 14.4　RNN 网络结构

（3）循环神经网络包含带有循环连接的隐单元，且能够处理序列数据并输出单一的预测。

14.4.2　长短期记忆神经网络

然而，RNN 在处理长期依赖（时间序列上距离较远的节点）时会遇到巨大的困难，因为计算距离较远的节点之间的联系时会涉及雅可比矩阵的多次相乘，这会带来梯度消失（经常发生）或者梯度爆炸（较少发生）的问题。梯度爆炸的问题一般可以通过梯度裁剪来解决，而梯度消失问题则要复杂得多，人们进行了很多尝试，其中一个比较有效的版本是长短期记忆神经网络（Long Short-Term Memory，LSTM）。LSTM 的主要思想是：门控单元以及线性连接的引入。

（1）门控单元：有选择性地保存和输出历史信息

（2）线性连接：图 14.5 中的水平线可以看作 LSTM 的"主干道"，通过加法，C_{t-1} 可以无障碍地在这条主干道上传递，因此 LSTM 可以更好地捕捉时序数据中间隔较大的依赖关系。

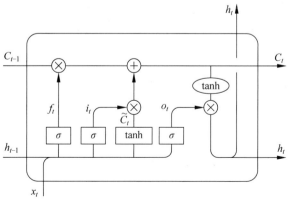

图 14.5　LSTM 主干道示意图

LSTM 工作原理：LSTM 时刻 t 的网络结构如图 14.6 所示。其中，x_t 是 t 时刻的输入，h_{t-1} 是 $t-1$ 时刻隐藏层的输出，c_{t-1} 是 $t-1$ 时刻历史信息的输出；f_t、i_t 和 o_t 分别为 t 时刻的遗忘门、输入门和输出门；$\tilde{c}_t$ 是 t 时刻通过变换后的新信息，c_t 是在 t 时刻更新过后的历史信息，h_t 是 t 时刻隐藏层的输出。其具体计算流程如图 14.6 所示。

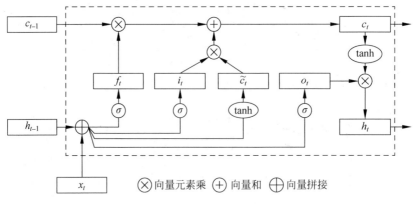

图 14.6　LSTM 的工作原理

14.4.3　模型实现

数据集预处理完成后，就可以设计合适的神经网络模型，并对其进行训练。本文使用的是基于 PyTorch 的 LSTM 模型。其代码实现如下。

```python
class SentimentNet(nn.Module):
    def __init__(self, vocab_size, embed_size, num_hiddens, num_layers,
                 bidirectional, weight, labels, use_gpu, **kwargs):
        super(SentimentNet, self).__init__(**kwargs)
        self.num_hiddens = num_hiddens
        self.num_layers = num_layers
        self.use_gpu = use_gpu
        self.bidirectional = bidirectional
        self.embedding = nn.Embedding.from_pretrained(weight)
        self.embedding.weight.requires_grad = False
        self.encoder = nn.LSTM(input_size=embed_size, hidden_size=self.num_hiddens,
                                         num_layers=num_layers, bidirectional=self.
bidirectional,
                                         dropout=0)
        if self.bidirectional:
            self.decoder = nn.Linear(num_hiddens * 4, labels)
        else:
            self.decoder = nn.Linear(num_hiddens * 2, labels)

    def forward(self, inputs):
        embeddings = self.embedding(inputs)
        states, hidden = self.encoder(embeddings.permute([1, 0, 2]))
```

```
encoding = torch.cat([states[0], states[ - 1]], dim = 1)
outputs = self.decoder(encoding)
return outputs
```

本文通过计算模型的总损失率和精确度来判断模型的可用性。实验结果如图 14.7 所示。

```
epoch: 0, train loss: 0.6881, train acc: 0.54, test loss: 0.6850, test acc: 0.54, time: 70.28
epoch: 1, train loss: 0.6608, train acc: 0.61, test loss: 0.5550, test acc: 0.73, time: 69.94
epoch: 2, train loss: 0.4995, train acc: 0.77, test loss: 0.4322, test acc: 0.80, time: 69.55
epoch: 3, train loss: 0.4476, train acc: 0.80, test loss: 0.4305, test acc: 0.80, time: 68.98
epoch: 4, train loss: 0.4294, train acc: 0.81, test loss: 0.4229, test acc: 0.81, time: 69.76
```

图 14.7　实验结果

由图 14.7 可知,随着模型迭代次数的增加,模型的损失率逐渐减少,准确率在不断增加。在数据集足够大和迭代次数足够多的时候,模型的损失率会更小,且准确率也趋于稳定。因此,该模型对本文的数据集十分有效。

14.5　小结

随着深度学习理论研究的逐渐深入,自然语言处理领域作为人工智能研究的重要方向之一也出现了很多深度学习模型。相对于传统的机器学习方法,深度学习的优点主要在于训练效果好,以及不需要复杂的特征提取过程。同时,在深度学习框架如TensorFlow 和 PyTorch 的帮助下,搭建和部署深度学习模型的难度也相对较小。因此,一些重要的深度学习结构如卷积神经网络和循环神经网络在近年来被广泛应用于自然语言处理的研究中并且取得了很好的效果。

本章通过一个简单的模型对句子的情感做了一个分类,使用的模型很粗糙,原理也很简单。虽然这个模型比较简单,但是相对来说准确率并不低。这充分说明了深度学习的威力。

情感是人类的高级思维方式;机器可以通过学习理解人类的情感模式,了解人类的情感;情感溯因可以帮助更深入地理解人类情感动机;机器可以借助指定情感类别方式生成情感文本;鉴赏类或文学作品赏析情感计算值得我们继续探索。真正具有自主意识的情感智能还未到来。

第 15 章

实现DCGAN

视频讲解

本章将通过一个例子来介绍 DCGAN。本章中将使用很多真正的名人照片训练一个生成对抗网络(GAN)后,生成新的假名人照片。这里的大多数代码来自 https://github.com/pytorch/examples 中对 DCGAN 的实现,并且本章将对 DCGAN 的实现进行全面解释,并阐明该模型是怎样工作的以及为什么能工作。但是不要担心,读者并不需要事先了解 GAN,但是可能需要先花一些时间来弄明白实际发生了什么。此外,为了节省时间,安装一两个 GPU 也将有所帮助。

15.1 生成对抗网络

GAN 是用于教授 DL 模型以捕获训练数据分布的框架,因此可以从同一分布中生成新数据。GAN 是 Ian Goodfellow 在 2014 年发明的,最早在 *Generative Adversarial Nets* 一书中进行了描述。它们由两个不同的模型组成:生成器和判别器。生成器的工作是生成看起来像训练图像的"假"图像。判别器的工作是查看图像并从生成器输出它是真实的训练图像还是伪图像。在训练过程中,生成器不断尝试通过生成越来越好的伪造品而使判别器的性能超过智者,而判别器正在努力成为更好的侦探并正确地对真实和伪造图像进行分类。博弈的平衡点是当生成器生成的伪造品看起来像直接来自训练数据时,而判别器则始终猜测生成器输出是真实的还是伪造品的 50%置信度。

现在,让我们从判别器开始定义一些在整个教程中使用的符号。x 表示图像数据。$D(x)$表示判别网络,它的输出表示数据 x 来自于训练数据,而不是生成器。在这里,由于正在处理图像,因此输入 $D(x)$ 是长、宽、高大小为 $3 \times 64 \times 64$ 的图像。直观地说,当 x 来自训练数据时,$D(x)$ 的值应当是大的;而当 x 来自生成器时,$D(x)$ 的值应为小的。$D(x)$也可以被认为是传统的二元分类器。

生成器 z 表示从标准正态分布中采样的空间矢量(本征向量)。$G(z)$ 表示将本征向量 z 映射到数据空间的生成器函数。G 的目标是估计训练数据来自的分布 pdata,这样就可以从估计的分布 pg 中生成假样本。

因此,$D(G(z))$ 表示生成器输出 G 是真实图片的概率。就像在 Goodfellow's paper 中描述的那样,D 和 G 在玩一个极大极小游戏。在这个游戏中,D 试图最大化正确分类真假图片的概率 $logD(x)$,G 试图最小化 D 预测其输出为假图片的概率 $log(1-D(G(x)))$。文章中 GAN 的损失函数是

$$\min_{G}\max_{D}V(D,G)=\mathbb{E}_{x\sim p_{data}(x)}\big[logD(x)\big]+\mathbb{E}_{z\sim p_{z}(z)}\big[log(1-D(G(z)))\big]$$

理论上,这个极小极大游戏的目标是 pg=pdata,如果输入是真实的或假的,则判别器会随机猜测。然而,GAN 的收敛理论仍在积极研究中,实际上,模型并不总是能达到此目的。

15.2　DCGAN 介绍

DCGAN 是对上述 GAN 的直接扩展,除了它分别在判别器和生成器中明确地使用卷积和卷积转置层。DCGAN 是在 Radford 等的文章 *Unsupervised Representation Learning With Deep Convolutional Generative Adversarial Networks* 中首次被提出的。判别器由卷积层、批标准化层以及 LeakyReLU 激活层组成。输入是 $3\times64\times64$ 的图像,输出是输入图像来自实际数据的概率。生成器由转置卷积层、批标准化层以及 ReLU 激活层组成。输入是一个本征向量 z,它是从标准正态分布中采样得到的,输出是一个 $3\times64\times64$ 的 RGB 图像。转置卷积层能够把本征向量转换成和图像具有相同大小。在本文中,作者还提供了一些有关如何设置优化器,如何计算损失函数以及如何初始化模型权重的建议,所有这些都将在后面的章节中进行说明。

15.3　初始化代码

15.3.1　初始化相关库

```python
from __future__ import print_function
# % matplotlib inline
import argparse
import os
import random
import torch
import torch.nn as nn
import torch.nn.parallel
import torch.backends.cudnn as cudnn
import torch.optim as optim
import torch.utils.data
```

```
import torchvision.datasets as dset
import torchvision.transforms as transforms
import torchvision.utils as vutils
import numpy as np
import matplotlib.pyplot as plt
import matplotlib.animation as animation
from IPython.display import HTML

♯为了可重复性设置随机种子
manualSeed = 999
♯manualSeed = random.randint(1, 10000) ♯如果你想有一个不同的结果使用这行代码
print("Random Seed: ", manualSeed)
random.seed(manualSeed)
torch.manual_seed(manualSeed)
```

输出：

```
Random Seed: 999
```

输入：为了能够运行，定义如下一些输入。

dataroot：数据集文件夹的路径。

workers：数据加载器 DataLoader 加载数据时能够使用的进程数。

batch_size：训练时的批大小。在 DCGAN 文献中使用的批大小是 128。

image_size：训练时使用的图片大小。这里设置默认值为 64×64。如果想使用别的尺寸，生成器 G 和判别器 D 的结构也要改变。

nc：输入图片的颜色通道个数。彩色图片是 3。

nz：本征向量的长度。

ngf：生成器使用的特征图深度。

ndf：设置判别器使用的特征图深度。

num_epochs：一共训练多少次。训练次数多很可能产生更好的结果但是需要训练更长的时间。

lr：训练时的学习率，DCGAN 文章中使用的是 0.0002。

beta1：Adam 优化算法的 Beta1 超参数。文章中使用的是 0.5。

ngpu：可利用的 GPU 数量，如果设置为 0 则运行在 CPU 模式。如果设置的大于 0，则运行在多块 CPU 上。

```
♯数据集根目录
dataroot = "data/celeba"

♯数据加载器能够使用的进程数量
workers = 2

♯训练时的批大小
```

```
batch_size = 128

#训练图片的大小,将所有的图片给改变为该大小
#转换器使用的大小.
image_size = 64

#训练图片的通道数,彩色图片是3
nc = 3

#本征向量 z 的大小(生成器的输入大小)
nz = 100

#生成器中特征图大小
ngf = 64

#判别器中特征图大小
ndf = 64

#训练次数
num_epochs = 5

#优化器学习率
lr = 0.0002

#Adam 优化器的 Beta1 超参
beta1 = 0.5

#可利用的 GPU 数量,使用 0 将运行在 CPU 模式.
ngpu = 1
```

15.3.2 数据加载

本节中将使用 Celeb-A Faces 数据集,可以在本书前言中获取,下载数据集名为 img_align_celeba.zip 的文件。下载完成后,创建一个名为 celeba 的目录,并将 zip 文件解压缩到该目录中。然后,将 dataroot 输入设置为刚创建的 celeba 目录。结果目录结构应为:

```
/path/to/celeba
    -> img_align_celeba
        -> 188242.jpg
        -> 173822.jpg
        -> 284702.jpg
        -> 537394.jpg
           ...
```

这是重要的一步,因为我们将使用 ImageFolder 数据集类,该类要求数据集的根文件夹中有子目录。现在,我们可以创建数据集,创建数据加载器,将设备设置为可以运行,最

后可视化一些训练数据。

```
# 我们能够使用创建的数据集图片文件夹了
# 创建数据集
dataset = dset.ImageFolder(root = dataroot,
                          transform = transforms.Compose([
                              transforms.Resize(image_size),
                              transforms.CenterCrop(image_size),
                              transforms.ToTensor(),
                              transforms.Normalize((0.5, 0.5, 0.5), (0.5, 0.5, 0.5)),
                          ]))
# 创建数据加载器
dataloader = torch.utils.data.DataLoader(dataset, batch_size = batch_size,
                                         shuffle = True, num_workers = workers)

# 决定在哪个设备上运行
device = torch.device("cuda:0" if (torch.cuda.is_available() and ngpu > 0) else "cpu")

# 展示一些训练图片
real_batch = next(iter(dataloader))
plt.figure(figsize = (8,8))
plt.axis("off")
plt.title("Training Images")
plt.imshow(np.transpose(vutils.make_grid(real_batch[0].to(device)[:64], padding = 2,
normalize = True).cpu(),(1,2,0)))
```

15.4 模型实现

设置好输入参数并准备好数据集后，现在可以进入实现环节了。我们将从权重初始化策略开始，然后详细讨论生成器、判别器、损失函数和训练循环。

15.4.1 权重初始化

在 DCGAN 论文中，作者指定所有模型权重均应从 mean=0，stdev=0.02 的正态分布中随机初始化。该 weights_init 函数以已初始化的模型作为输入，并重新初始化所有卷积、卷积转置和批处理规范化层，以符合此条件。初始化后立即将此功能应用于模型。

```
# 在 netG 和 netD 上调用的自定义权重初始化函数
def weights_init(m):
    classname = m.__class__.__name__
    if classname.find('Conv') != -1:
        nn.init.normal_(m.weight.data, 0.0, 0.02)
    elif classname.find('BatchNorm') != -1:
        nn.init.normal_(m.weight.data, 1.0, 0.02)
        nn.init.constant_(m.bias.data, 0)Copy
```

15.4.2 生成器

生成器 G 用于将本征向量 z 映射到数据空间。由于我们的数据是图像,因此将 z 转换为数据空间意味着最终创建一个与训练图像大小相同的 RGB 图像(即 $3 \times 64 \times 64$)。实际上,这是通过一系列跨步的二维卷积转置层实现的,每个转换层与二维批标准化层和 ReLU 激活层配对。生成器的输出通过 tanh 层,使其输出数据范围和输入图片一样,为 $[-1, 1]$。值得注意的是,在转换层之后存在批标准化函数,因为这是 DCGAN 论文的关键贡献。这些层有助于训练期间的梯度传播。DCGAN 论文中的生成器图片如图 15.1 所示。

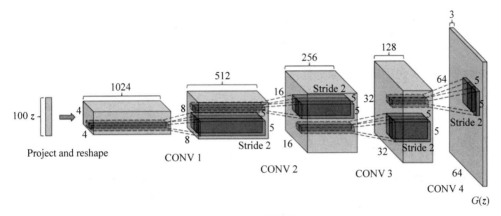

图 15.1 对抗样例

请注意,在变量定义部分(nz,ngf 和 nc)中设置的输入如何影响代码中的生成器体系结构。nz 是 z 输入向量的长度,ngf 是生成器要生成的特征图个数,nc 是输出图像中的通道数(对于 RGB 图像,设置为 3)。下面是生成器的代码。

```
# 生成器代码

class Generator(nn.Module):
    def __init__(self, ngpu):
        super(Generator, self).__init__()
        self.ngpu = ngpu
        self.main = nn.Sequential(
            # 输入是 Z, 对 Z 进行卷积
            nn.ConvTranspose2d( nz, ngf * 8, 4, 1, 0, bias = False),
            nn.BatchNorm2d(ngf * 8),
            nn.ReLU(True),
            # 输入特征图大小. (ngf * 8) × 4 × 4
            nn.ConvTranspose2d(ngf * 8, ngf * 4, 4, 2, 1, bias = False),
            nn.BatchNorm2d(ngf * 4),
            nn.ReLU(True),
            # 输入特征图大小. (ngf * 4) × 8 × 8
            nn.ConvTranspose2d( ngf * 4, ngf * 2, 4, 2, 1, bias = False),
```

```
            nn.BatchNorm2d(ngf * 2),
            nn.ReLU(True),
            #输入特征图大小. (ngf * 2) × 16 × 16
            nn.ConvTranspose2d( ngf * 2, ngf, 4, 2, 1, bias = False),
            nn.BatchNorm2d(ngf),
            nn.ReLU(True),
            #输入特征图大小. (ngf) × 32 × 32
            nn.ConvTranspose2d( ngf, nc, 4, 2, 1, bias = False),
            nn.Tanh()
            #输入特征图大小. (nc) × 64 × 64
        )

    def forward(self, input):
        return self.main(input)
```

现在,可以实例化生成器并对其使用 weights_init 函数。打印出生成器模型,用以查看生成器的结构。

```
# 创建生成器
netG = Generator(ngpu).to(device)

# 如果期望使用多个 GPU,设置一下.
if (device.type == 'cuda') and (ngpu > 1):
    netG = nn.DataParallel(netG, list(range(ngpu)))

# 使用权重初始化函数 weights_init 去随机初始化所有权重
# mean = 0, stdev = 0.2.
netG.apply(weights_init)

# 输出该模型
print(netG)Copy
```

输出:

```
Generator(
  (main): Sequential(
    (0): ConvTranspose2d(100, 512, kernel_size = (4, 4), stride = (1, 1), bias = False)
    (1): BatchNorm2d(512, eps = 1e - 05, momentum = 0.1, affine = True, track_running_stats =
True)
    (2): ReLU(inplace)
    (3): ConvTranspose2d(512, 256, kernel_size = (4, 4), stride = (2, 2), padding = (1, 1),
bias = False)
    (4): BatchNorm2d(256, eps = 1e - 05, momentum = 0.1, affine = True, track_running_stats =
True)
    (5): ReLU(inplace)
    (6): ConvTranspose2d(256, 128, kernel_size = (4, 4), stride = (2, 2), padding = (1, 1),
bias = False)
```

```
    (7): BatchNorm2d(128, eps = 1e - 05, momentum = 0.1, affine = True, track_running_stats =
True)
    (8): ReLU(inplace)
    (9): ConvTranspose2d(128, 64, kernel_size = (4, 4), stride = (2, 2), padding = (1, 1),
bias = False)
    (10): BatchNorm2d(64, eps = 1e - 05, momentum = 0.1, affine = True, track_running_stats =
True)
    (11): ReLU(inplace)
    (12): ConvTranspose2d(64, 3, kernel_size = (4, 4), stride = (2, 2), padding = (1, 1),
bias = False)
    (13): Tanh()
  )
)
```

15.4.3　判别器

如上所述,判别器 D 是一个二分类网络,它将图像作为输入并输出输入图像是真实的概率(而不是假的)。这里,D 采用 $3 \times 64 \times 64$ 输入图像,通过一系列 Conv2d、BatchNorm2d 和 LeakyReLU 层处理它,并通过 Sigmoid 激活函数输出最终概率。如果需要,可以使用更多层扩展此体系结构,但使用跨步卷积、BatchNorm 和 LeakyReLU 具有重要意义。DCGAN 论文中提到使用跨步卷积而不是使用 pooling 下采样是一种很好的做法,因为它可以让网络学习自己的 pooling 功能。批标准化和 LeakyReLU 函数也促进了健康的梯度流动,这对于 G 和 D 的学习过程至关重要。

15.4.4　判别器代码

```python
class Discriminator(nn.Module):
    def __init__(self, ngpu):
        super(Discriminator, self).__init__()
        self.ngpu = ngpu
        self.main = nn.Sequential(
            # 输入大小 (nc) × 64 × 64
            nn.Conv2d(nc, ndf, 4, 2, 1, bias = False),
            nn.LeakyReLU(0.2, inplace = True),
            # state size. (ndf) × 32 × 32
            nn.Conv2d(ndf, ndf * 2, 4, 2, 1, bias = False),
            nn.BatchNorm2d(ndf * 2),
            nn.LeakyReLU(0.2, inplace = True),
            # 输入大小. (ndf * 2) × 16 × 16
            nn.Conv2d(ndf * 2, ndf * 4, 4, 2, 1, bias = False),
            nn.BatchNorm2d(ndf * 4),
            nn.LeakyReLU(0.2, inplace = True),
            # 输入大小. (ndf * 4) × 8 × 8
            nn.Conv2d(ndf * 4, ndf * 8, 4, 2, 1, bias = False),
            nn.BatchNorm2d(ndf * 8),
```

```
            nn.LeakyReLU(0.2, inplace = True),
            #输入大小. (ndf * 8) × 4 × 4
            nn.Conv2d(ndf * 8, 1, 4, 1, 0, bias = False),
            nn.Sigmoid()
        )

    def forward(self, input):
        return self.main(input)
```

现在,可以实例化判别器并对其应用 weights_init 函数。查看打印的模型以查看判别器对象的结构。

```
#创建判别器
netD = Discriminator(ngpu).to(device)

#如果期望使用多 GPU,设置一下
if (device.type == 'cuda') and (ngpu > 1):
    netD = nn.DataParallel(netD, list(range(ngpu)))

#使用权重初始化函数 weights_init 去随机初始化所有权重
# mean = 0, stdev = 0.2.
netD.apply(weights_init)

#输出该模型
print(netD)Copy
```

输出:

```
Discriminator(
  (main): Sequential(
    (0): Conv2d(3, 64, kernel_size = (4, 4), stride = (2, 2), padding = (1, 1), bias = False)
    (1): LeakyReLU(negative_slope = 0.2, inplace)
    (2): Conv2d(64, 128, kernel_size = (4, 4), stride = (2, 2), padding = (1, 1), bias =
False)
    (3): BatchNorm2d(128, eps = 1e − 05, momentum = 0.1, affine = True, track_running_stats =
True)
    (4): LeakyReLU(negative_slope = 0.2, inplace)
    (5): Conv2d(128, 256, kernel_size = (4, 4), stride = (2, 2), padding = (1, 1), bias =
False)
    (6): BatchNorm2d(256, eps = 1e − 05, momentum = 0.1, affine = True, track_running_stats =
True)
    (7): LeakyReLU(negative_slope = 0.2, inplace)
    (8): Conv2d(256, 512, kernel_size = (4, 4), stride = (2, 2), padding = (1, 1), bias =
False)
    (9): BatchNorm2d(512, eps = 1e − 05, momentum = 0.1, affine = True, track_running_stats =
True)
    (10): LeakyReLU(negative_slope = 0.2, inplace)
```

```
    (11): Conv2d(512, 1, kernel_size = (4, 4), stride = (1, 1), bias = False)
    (12): Sigmoid()
  )
)Copy
```

15.4.5 损失函数和优化器

随着对判别器 D 和生成器 G 完成了设置,我们能够详细地叙述它们是怎么通过损失函数和优化器来进行学习的。我们将使用 BCELoss 函数,其在 pyTorch 中的定义如下。

$$\ell(x,y) = L = \{l_1, \cdots, l_N\}^T, \quad l_n = -[y_n \cdot \log x_n + (1 - y_n) \cdot \log(1 - x_n)]$$

需要注意的是,目标函数中两个 log 部分是怎么提供计算的(如 $\log(D(x))$ 和 $\log(1 - D(G(z)))$。即将介绍的训练循环中将详细介绍 BCE 公式是怎么使用输入 y 的。但重要的是要了解如何通过改变 y(即 GT 标签)来选择想要计算的部分损失。

下一步,定义真实图片标记为 1,假图片标记为 0。这个标记将在计算 D 和 G 的损失函数的时候使用,这是在原始的 GAN 文献中使用的惯例。最后设置两个单独的优化器,一个给判别器 D 使用,一个给生成器 G 使用。就像 DCGAN 文章中说的那样,两个 Adam 优化算法中学习率都为 0.0002,Beta1 都为 0.5。为了保存追踪生成器学习的过程,将生成一个批固定不变的来自高斯分布的本征向量(例如 fixed_noise)。在训练的循环中,将周期性地输入这个 fixed_noise 到生成器 G 中,在训练都完成后将看一下由 fixed_noise 生成的图片。

```
# 初始化 BCE 损失函数
criterion = nn.BCELoss()

# 创建一个批次的本征向量用于可视化生成器训练的过程.
fixed_noise = torch.randn(64, nz, 1, 1, device = device)

# 建立一个在训练中使用的真实和假的标记
real_label = 1
fake_label = 0

# 为 G 和 D 都设置 Adam 优化器
optimizerD = optim.Adam(netD.parameters(), lr = lr, betas = (beta1, 0.999))
optimizerG = optim.Adam(netG.parameters(), lr = lr, betas = (beta1, 0.999))Copy
```

15.4.6 训练

最后,既然已经定义了 GAN 框架的所有部分,就可以对其进行训练了。请注意,训练 GAN 在某种程度上是一种艺术形式,因为不正确的超参数设置会导致 mode collapse,而对错误的解释很少。在这里,我们将密切关注 Goodfellow 的论文中的算法 1,同时遵守 ganhacks 中显示的一些最佳实践。也就是说,我们将"为真实和假冒"图像构建不同的小批量,并调整 G 的目标函数以最大化 $\log D(G(z))$。训练分为两个主要部分。第 1 部分更新判别器 Discriminator,第 2 部分更新生成器 Generator。

1. 训练判别器

回想一下,训练判别器的目的是最大化将给定输入正确分类为真实或假的概率。就 Goodfellow 而言,我们希望"通过提升其随机梯度来更新判别器"。实际上,我们想要最大化损失 $\log(D(x)) + \log(1 - D(G(z)))$。由于 ganhacks 的单独小批量建议,将分两步计算。首先,将从训练集中构造一批实际样本,向前通过 D,计算损失($\log(D(x))$),然后计算梯度向后传递。其次,将用当前的生成器构造一批假样本,通过 D 转发该批次,计算损失($\log(1 - D(G(z)))$)和 accumulate 带有向后传递。现在,随着从全真实和全假批量累积的梯度,我们称之为 Discriminator 优化器的一步。

2. 训练生成器

正如原始论文所述,我们希望通过最小化 $\log(1 - D(G(z)))$ 来训练生成器 Generator,以便产生更好的假样本。如上所述,Goodfellow 表明这不会提供足够的梯度,尤其是在学习过程的早期阶段。作为修改,我们希望最大化 $\log(D(G(z)))$。在代码中,我们通过以下方式实现此目的:使用 Discriminator 对第 1 部分的 Generator 输出进行分类,使用真实标签作为 GT 计算 G 的损失,在反向传递中计算 G 的梯度,最后使用优化器步骤更新 G 的参数。使用真实标签作为损失函数的 GT 标签似乎是违反直觉的,但这允许我们使用 BCELoss 的 $\log(x)$ 部分(而不是 $\log(1-x)$ 这部分),这正是我们想要的。

最后,将进行一些统计报告。在每个循环结束时,将通过生成器推送我们的 fixed_noise 批次,以直观地跟踪 G 训练的进度。报告的训练统计数据如下所述。

Loss_D:判别器损失是所有真实样本批次和所有假样本批次的损失之和 $\log(D(x)) + \log(D(G(z)))$。

Loss_G:生成器损失 $\log(D(G(z)))$。

D(x):所有真实批次的判别器的平均输出(整批)。这应该从接近 1 开始,然后当 G 变好时理论上收敛到 0.5。

D(G(z)):所有假批次的平均判别器输出。第一个数字是在 D 更新之前,第二个数字是在 D 更新之后。当 G 变好时,这些数字应该从 0 开始并收敛到 0.5。

注意:此步骤可能需要一段时间,具体取决于运行的循环数以及是否从数据集中删除了一些数据。

```
# 训练循环

# 保存跟踪进度的列表
img_list = []
G_losses = []
D_losses = []
iters = 0

print("Starting Training Loop...")
# 每个 epoh
```

```
for epoch in range(num_epochs):
    # 数据加载器中的每个批次
    for i, data in enumerate(dataloader, 0):

        # # # # # # # # # # # # # # # # # # # # # # # # # # #
        # (1) 更新 D 网络: 最大化 log(D(x)) + log(1 - D(G(z)))
        # # # # # # # # # # # # # # # # # # # # # # # # # # #
        # # 使用所有真实样本批次训练
        netD.zero_grad()
        # 格式化批
        real_cpu = data[0].to(device)
        b_size = real_cpu.size(0)
        label = torch.full((b_size,), real_label, device = device)
        # 通过 D 向前传递真实批次
        output = netD(real_cpu).view(-1)
        # 对所有真实样本批次计算损失
        errD_real = criterion(output, label)
        # 计算后向传递中 D 的梯度
        errD_real.backward()
        D_x = output.mean().item()

        # # 使用所有假样本批次训练
        # 生成本征向量批次
        noise = torch.randn(b_size, nz, 1, 1, device = device)
        # 使用生成器 G 生成假图片
        fake = netG(noise)s
        label.fill_(fake_label)
        # 使用判别器分类所有的假批次样本
        output = netD(fake.detach()).view(-1)
        # 计算判别器 D 的损失对所有的假样本批次
        errD_fake = criterion(output, label)
        # 对这个批次计算梯度
        errD_fake.backward()
        D_G_z1 = output.mean().item()
        # 把所有真样本和假样本批次的梯度加起来
        errD = errD_real + errD_fake
        # 更新判别器 D
        optimizerD.step()

        # # # # # # # # # # # # # # # # # # # # # # # # # # #
        # (2) 更新 G 网络: 最大化 log(D(G(z)))
        # # # # # # # # # # # # # # # # # # # # # # # # # # #
        netG.zero_grad()
        label.fill_(real_label)  # 假样本的标签对于生成器成本是真的
        # 因为我们之前更新了 D, 通过 D 执行所有假样本批次的正向传递
        output = netD(fake).view(-1)
        # 基于这个输出计算 G 的损失
        errG = criterion(output, label)
```

```
            # 为生成器计算梯度
            errG.backward()
            D_G_z2 = output.mean().item()
            # 更新生成器 G
            optimizerG.step()

            # 输出训练状态
            if i % 50 == 0:
print('[%d/%d][%d/%d]\tLoss_D: %.4f\tLoss_G: %.4f\tD(x): %.4f\tD(G(z)): %.4f /
%.4f'
                    % (epoch, num_epochs, i, len(dataloader),
                        errD.item(), errG.item(), D_x, D_G_z1, D_G_z2))

            # 为以后画损失图,保存损失
            G_losses.append(errG.item())
            D_losses.append(errD.item())

            # 检查生成器 generator 做了什么,通过保存的 fixed_noise 通过 G 输出
            if (iters % 500 == 0) or ((epoch == num_epochs - 1) and (i == len(dataloader) - 1)):
                with torch.no_grad():
                    fake = netG(fixed_noise).detach().cpu()
                img_list.append(vutils.make_grid(fake, padding = 2, normalize = True))

            iters += 1
Out:
Starting Training Loop...
[0/5][0/1583] Loss_D: 1.7410 Loss_G: 4.7761 D(x): 0.5343 D(G(z)): 0.5771 / 0.0136
[0/5][50/1583] Loss_D: 1.7332 Loss_G: 25.4829 D(x): 0.9774 D(G(z)): 0.7441 / 0.0000
[0/5][100/1583] Loss_D: 1.6841 Loss_G: 11.6585 D(x): 0.4728 D(G(z)): 0.0000 / 0.0000
…
[0/5][900/1583] Loss_D: 0.5776 Loss_G: 7.7162 D(x): 0.9756 D(G(z)): 0.3707 / 0.0009
[0/5][950/1583] Loss_D: 0.5593 Loss_G: 5.6692 D(x): 0.9560 D(G(z)): 0.3494 / 0.0080
[0/5][1000/1583] Loss_D: 0.5036 Loss_G: 5.1312 D(x): 0.7775 D(G(z)): 0.0959 / 0.0178
[0/5][1050/1583] Loss_D: 0.5192 Loss_G: 4.5706 D(x): 0.8578 D(G(z)): 0.2605 / 0.0222
…
[1/5][250/1583] Loss_D: 0.3822 Loss_G: 3.1946 D(x): 0.7969 D(G(z)): 0.1024 / 0.0656
[1/5][300/1583] Loss_D: 0.3892 Loss_G: 3.3337 D(x): 0.7848 D(G(z)): 0.0969 / 0.0525
[1/5][350/1583] Loss_D: 1.7989 Loss_G: 7.5798 D(x): 0.9449 D(G(z)): 0.7273 / 0.0011
[1/5][400/1583] Loss_D: 0.4765 Loss_G: 3.0655 D(x): 0.7479 D(G(z)): 0.1116 / 0.0687
[1/5][450/1583] Loss_D: 0.3649 Loss_G: 3.1674 D(x): 0.8603 D(G(z)): 0.1619 / 0.0627
[1/5][500/1583] Loss_D: 0.6922 Loss_G: 4.5841 D(x): 0.9235 D(G(z)): 0.4003 / 0.0175
0.0612
…
[4/5][1450/1583] Loss_D: 1.0814 Loss_G: 5.4255 D(x): 0.9647 D(G(z)): 0.5842 / 0.0070
[4/5][1500/1583] Loss_D: 1.7211 Loss_G: 0.7875 D(x): 0.2588 D(G(z)): 0.0389 / 0.5159
[4/5][1550/1583] Loss_D: 0.5871 Loss_G: 2.1340 D(x): 0.7332 D(G(z)): 0.1982 / 0.1518
```

15.5 结果

最后,看看做得怎么样。在这里,将看到三个不同的结果。首先,将看到判别器 D 和生成器 G 的损失在训练期间是如何变化的。其次,将在每个批次可视化生成器 G 的输出。第三,将查看一批实际数据以及来自生成器 G 的一批假数据。

15.5.1 损失与训练迭代次数关系图

下面将绘制生成器和判别器的损失和训练迭代次数关系图,如图15.2所示。

```
plt.figure(figsize = (10,5))
plt.title("Generator and Discriminator Loss During Training")
plt.plot(G_losses,label = "G")
plt.plot(D_losses,label = "D")
plt.xlabel("iterations")
plt.ylabel("Loss")
plt.legend()
plt.show()
```

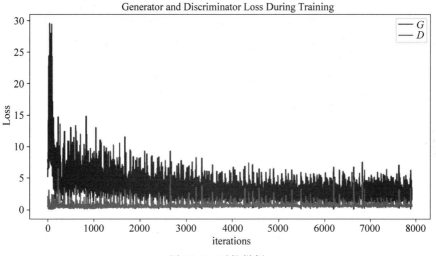

图15.2 对抗样例

15.5.2 生成器 G 的训练进度

在每一个批次训练完成之后都保存了生成器的输出。现在可以通过动画可视化生成器 G 的训练进度。单击"播放"按钮开始动画,如图15.3所示。

```
# % % capture
fig = plt.figure(figsize = (8,8))
plt.axis("off")
```

```
ims = [[plt.imshow(np.transpose(i,(1,2,0)), animated = True)] for i in img_list]
ani = animation.ArtistAnimation(fig, ims, interval = 1000, repeat_delay = 1000, blit =
True)

HTML(ani.to_jshtml())
```

图 15.3　对抗样例 1

15.5.3　真实图像与假图像

最后,让我们一起看看一些真实的图像和假图像,如图 15.4 所示。

```
# 从数据加载器中获取一批真实图像
real_batch = next(iter(dataloader))

# 画出真实图像
plt.figure(figsize = (15,15))
plt.subplot(1,2,1)
plt.axis("off")
plt.title("Real Images")
plt.imshow(np.transpose(vutils.make_grid(real_batch[0].to(device)[:64], padding = 5,
normalize = True).cpu(),(1,2,0)))

# 画出来自最后一次训练的假图像
```

```
plt.subplot(1,2,2)
plt.axis("off")
plt.title("Fake Images")
plt.imshow(np.transpose(img_list[-1],(1,2,0)))
plt.show()
```

Real Images

Fake Images

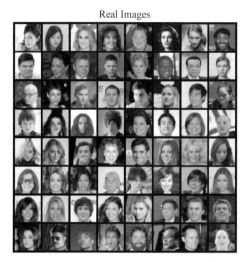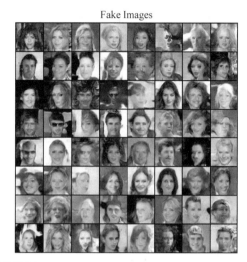

图 15.4　对抗样例 2

15.6　小结

通过阅读本章希望读者对 Gan 主题有所了解。通过 Gan 模型能够设计出各式各样强大的生成模型,来完成各类的生成任务。

第 16 章

视 觉 问 答

16.1 视觉问答简介

视觉问答(Visual Question Answering,VQA)是一种同时涉及计算机视觉和自然语言处理的学习任务。简单来说,VQA 就是对给定的图片进行问答,一个 VQA 系统以一张图片和一个关于这张图片形式自由、开放式的自然语言问题作为输入,生成一条自然语言答案作为输出,如图 16.1 所示。视觉问答系统综合运用到了目前的计算机视觉和自然语言处理的技术,并设计模型的设计、实验以及可视化,因此本书以视觉问答系统作为综合实践。

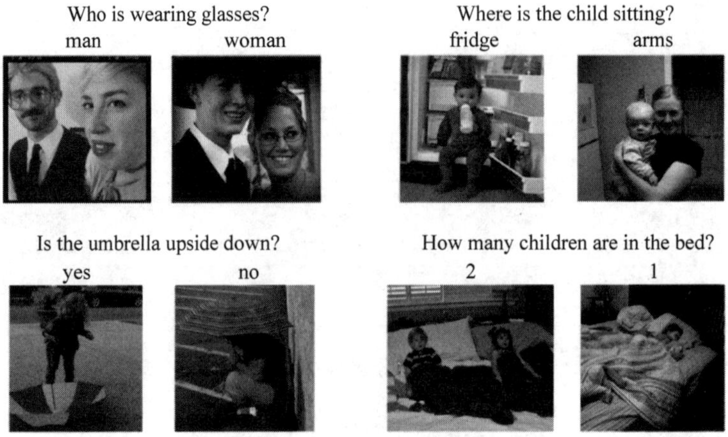

Who is wearing glasses?
man   woman

Where is the child sitting?
fridge   arms

Is the umbrella upside down?
yes   no

How many children are in the bed?
2   1

图 16.1　VQA 示例

VQA 问题的一种典型模型是联合嵌入(joint embedding)模型(如图 16.2 所示),这种方法首先学习视觉与自然语言的两个不同模态特征在一个共同的特征空间的嵌入表示(embedding),然后根据这种嵌入表示产生回答。产生回答的方式主要是分类(classification)和生成(generation),其中生成这一方式对 RNN 生成器的要求较高,目前在实践中的效果不如分类。本章将实现一种联合嵌入模型。

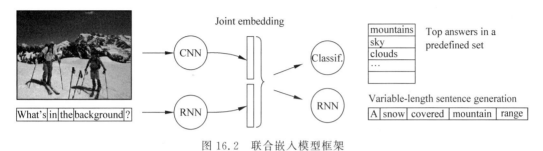

图 16.2　联合嵌入模型框架

16.2　基于 Bottom-Up Attention 的联合嵌入模型

Anderson 等提出了一种非常有效的视觉特征表示,极大地促进了 VQA 模型的研究。

Anderson 等利用目标检测网络 Faster-RCNN 在图片中检测出一系列物体,并用 Faster-RCNN 对检测到的物体生成嵌入特征表示,这些物体即成为视觉问答推理的单元。这一过程近似于人在观察图片的时候会首先注意到图片中有不同的物体,Anderson 等人将这一过程称为 Bottom-Up Attention(如图 16.3 所示)。要准确地回答问题,模型应该同时考虑这些物体与问题的相关性,因此 Anderson 等人用 RNN 提取问题语言特征,并计算它与每一个 Bottom-Up Attention 检测出的视觉单元的相关性。以这些相关性为权重将每个视觉单元的特征进行加权求和,即得到了融合的视觉特征表示。最后,融合的视觉特征被再次与问题特征融合,通过分类器得到最终答案(如图 16.4 所示)。

图 16.3　Bottom-Up Attention 划分的视觉
单元与传统网格视觉单元的区别

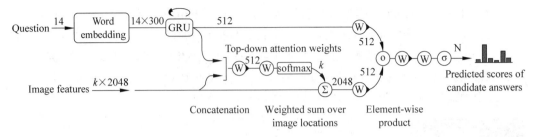

图 16.4　Anderson 等提出的视觉问答系统结构

16.3　准备工作

本节将实现代码的完整结构,如图 16.5 所示。

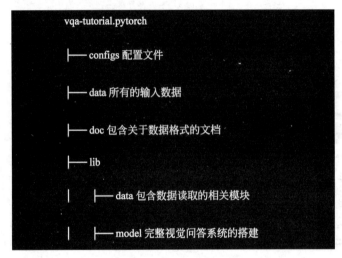

图 16.5　代码目录结构

其中,lib/data 包含数据读取的相关模块,本节将不会介绍里面的细节,如果需要了解数据格式,请查看 doc 下的相关文档。

16.3.1　下载数据

这里的模型使用 VQA2.0(https://visualqa.org)数据集进行训练和验证。VQA2.0 是一个公认有一定难度,并且语言先验证(language prior,即得出问题的回答不需要视觉信息)得到了有效控制的数据集。

1. 图片

本节使用到的图片为 MSCOCO 数据集中 train2014 子集和 val2014 子集,图片可以在 MSCOCO 官方网站 http://cocodataset.org 上下载。

2. Bottom-Up 特征

前文已经介绍，本节用到的图像特征是由目标检测网络 Faster-RCNN 检测并生成的。请从链接 https://pan.baidu.com/s/1IfBqpdKYfdaFoJ130H7zXA 下载，提取码为 wd87。

3. 问题和回答标注

VQA2.0 所提供的问题和回答标注已经过处理，同样可以在上述链接中下载到。下载好所有数据后应确保它们位于 data 文件夹内，如图 16.6 所示。

```
vqa - tutorial.pytorch
├── data 所有的输入数据
│   ├── features 包含hdf5格式存储的
Bottom-Up特征
│   ├── images 包含所有图片文件
│   ├── word_dict.json 自然语言词汇字典
```

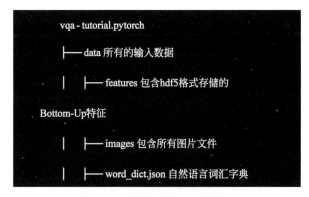

图 16.6 程序运行所需的数据

16.3.2 安装必备的软件包

请确保已经安装好 PyTorch 1.0，然后在程序目录下运行 pip install -r requirements.txt 安装其他依赖项。

16.3.3 使用配置文件

配置文件（configuration file）是一种管理模型超参数的方法。研究过程中，模型可能会有大量的超参数，用配置文件管理所有的超参数并根据配置文件构建模型能够大大地方便调参实验。常见的配置文件管理工具有 JSON，YAML 以及 Python 的 config 包等，本章将使用 JSON，并将所有配置文件放在 configs 目录下，如图 16.7 所示。

```
"model": {
  "ent_dim": 2048,
  "hid_dim": 512,
  "topdown_att": {
    "type": "dot_linear",
    "hid_dim": 512,
```

图 16.7 JSON 配置文件示例

16.4　实现基础模块

首先给出两个基础模块的实现。

16.4.1　FCNet 模块

FCNet 即一系列的全连接层,各个层的输入输出大小在模块构建时给出。这个模块默认使其中的全连接层具有 bias,并以 ReLU()作为激活函数,并使用 weight normalization。

```python
1 class FCNet(nn.Module):
2     """Simple class for non - linear fully connect network
3     """
4     def __init__(self, dims, bias = True, relu = True, wn = True):
5         super(FCNet, self).__init__()
6
7         layers = []
8         for i in range(len(dims) - 2):
9             in_dim = dims[i]
10            out_dim = dims[i + 1]
11            layer = nn.Linear(in_dim, out_dim, bias)
12            if wn: layer = weight_norm(layer, dim = None)
13            layers.append(layer)
14            if relu: layers.append(nn.ReLU())
15        layer = nn.Linear(dims[ - 2], dims[ - 1], bias)
16        if wn: layer = weight_norm(layer, dim = None)
17        layers.append(layer)
18        if relu: layers.append(nn.ReLU())
19
20        if not wn:
21            for m in layers:
22                if isinstance(m, nn.Linear):
23                    nn.init.xavier_uniform_(m.weight)
24                    if m.bias is not None:
25                        m.bias.data.zero_()
26
27        self.main = nn.Sequential( * layers)
28
29    def forward(self, x):
30        return self.main(x)
```

初始化函数 __init__()中,根据输入的参数 dims 构建一系列的全连接层模块(nn.Linear),并根据参数是否添加偏置(bias),使用 ReLU 激活函数以及使用 weight normalization。应当注意的是,使用 weight normalization 意味着模块中的权重会自动以 weight normalization 的方式进行初始化,而当没有使用 weight normalization 时,则对这些线性层进行 xavier 初始化。线性层序列最终封装到模块序列 nn.Sequential 中。运行 forward 时,直接调用 nn.Sequential 的 forward()函数即可。

16.4.2 SimpleClassifier 模块

SimpleClassifier 模块的作用是,在视觉问答系统的末端,根据融合的特征得到最终答案。我们的 SimpleClassifier 模块包含两个线性层,其中第一个线性层需要 ReLU 激活,而第二个线性层不需要。In_dim,hid_dim,out_dim 分别是输入的维数,中间层的维数以及输出的维数。另外,使用了 dropout,dropout 的概率从参数读取,而在构建 nn.Dropout 模块时,添加了参数 inplace=True。这一参数的作用是告诉 PyTorch,在计算 dropout 时无须将结果保存到新的变量中,直接在输入的内存/显存区域操作即可,这样可以节省模型运行所需的内存/显存。

```
 1 class SimpleClassifier(nn.Module):
 2
 3     def __init__(self, in_dim, hid_dim, out_dim, dropout):
 4         super(SimpleClassifier, self).__init__()
 5         layers = [
 6             weight_norm(nn.Linear(in_dim, hid_dim), dim=None),
 7             nn.ReLU(),
 8             nn.Dropout(dropout, inplace=True),
 9             weight_norm(nn.Linear(hid_dim, out_dim), dim=None)
10         ]
11         self.main = nn.Sequential(*layers)
12
13     def forward(self, x):
14         logits = self.main(x)
15         return logits
```

16.5 实现问题嵌入模块

在联合嵌入模型中,需要使用 RNN 将输入的问题编码成向量。LSTM 和 GRU 是两种代表性的 RNN,由于实践中 GRU 与 LSTM 表现相近而占用显存较少,这里选用 GRU。在配置文件中与问题嵌入模块相关的部分,为所使用的 RNN 类型保留了一个超参数 rnn_type,读者可以自行实验这些模型的区别。配置文件与问题嵌入模块相关的部分如图 16.8 所示。

```
"lm": {

  "max_q_len": 15,

  "rnn_type": "GRU",

  "word_emb_dim": 300,

  "bidirectional": false,

  "n_layers": 1,
```

图 16.8　配置文件与问题嵌入模块相关的部分

16.5.1 词嵌入

要获得问题句子的嵌入表示,首先应获得词嵌入表示。我们已经统计了数据集中出现的词汇,并将它们保存在 data/word_dict.json 中。每一个词首先需要用一个唯一的数字表示,这一过程通过 lib/data/word_dict.py 中的 tokenize 方法实现。tokenize 方法会将读入的句子分词,并把每一个词根据字典转换成一个整数的列表,其中的每个整数代表一个词。

将每个词的语义用一个 300 维的嵌入向量表示,并在模型的训练过程中,让模型去学习这些词的意思。为了降低训练的难度,首先用预训练的词向量 GloVe 对模型中的词向量进行初始化。这些预训练的词向量保存在 data/glove6b_init_300d.npy 中。

词嵌入模块的实现如下。

```
1   class WordEmbedding(nn.Module):
2       """Word Embedding
3       The n_tokens - th dim is used for padding_idx, which agrees * implicitly *
4       with the definition in Dictionary.
5       """
6       def __init__(self, n_tokens, emb_dim, dropout):
7           super(WordEmbedding, self).__init__()
8           self.emb = nn.Embedding(n_tokens + 1, emb_dim, padding_idx = n_tokens)
9           self.dropout = nn.Dropout(dropout) if dropout > 0 else None
10          self.n_tokens = n_tokens
11          self.emb_dim = emb_dim
12
13      def init_embedding(self, np_file):
14          weight_init = torch.from_numpy(np.load(np_file))
15          assert weight_init.shape == (self.n_tokens, self.emb_dim)
16          self.emb.weight.data[:self.n_tokens] = weight_init
17
18      def freeze(self):
19          self.emb.weight.requires_grad = False
20
21      def defreeze(self):
22          self.emb.weight.requires_grad = True
23
24      def forward(self, x):
25          emb = self.emb(x)
26          if self.dropout is not None: emb = self.dropout(emb)
27          return
```

init_embedding 方法读取前文所述的 GloVe 词向量,freeze 方法和 defreeze 方法分别关闭和开启词向量的梯度计算,从而控制训练过程中是否要同时训练词向量。forward 方法输入的 x 是一个词序列。

16.5.2　RNN

问题嵌入的实现如下：模型对 GRU 和 LSTM 进行了一些不同的处理，对单向和双向的 RNN 也进行了不同的处理，实现的模型具有一定的多功能性，方便实验不同的模型变体。Init_hidden 方法产生 RNN 的初始状体。

```
1    class QuestionEmbedding(nn.Module):
2        """Module for question embedding
3        """
4        def __init__(self, in_dim, hid_dim, n_layers, bidirectional, dropout, rnn_type =
     'GRU'):
5
6            super(QuestionEmbedding, self).__init__()
7            assert rnn_type == 'LSTM' or rnn_type == 'GRU'
8            rnn_cls = nn.LSTM if rnn_type == 'LSTM' else nn.GRU
9
10           self.rnn = rnn_cls(
11               in_dim, hid_dim, n_layers,
12               bidirectional = bidirectional,
13               dropout = dropout,
14               batch_first = True)
15
16           self.in_dim = in_dim
17           self.hid_dim = hid_dim
18           self.n_layers = n_layers
19           self.rnn_type = rnn_type
20           self.n_directions = 2 if bidirectional else 1
21
22       def init_hidden(self, batch):
23           weight = next(self.parameters()).data
24           hid_shape = (self.n_layers * self.n_directions, batch, self.hid_dim)
25           if self.rnn_type == 'LSTM':
26               return (Variable(weight.new( * hid_shape).zero_()),
27                       Variable(weight.new( * hid_shape).zero_()))
28           else:
29               return Variable(weight.new( * hid_shape).zero_())
30
31       def forward(self, x):
32           # x: [batch, sequence, in_dim]
33
34           batch = x.size(0)
35           hidden = self.init_hidden(batch)
36           self.rnn.flatten_parameters()
37           output, hidden = self.rnn(x, hidden)
38
39           if self.n_directions == 1:
40               return output[:, - 1]
```

```
41
42          forward_  = output[:, -1, :self.hid_dim]
43          backward = output[:, 0, self.hid_dim:]
44          return torch.cat((forward_, backward), dim = 1)
```

在初始化函数__init__()中,根据参数确定使用的 RNN 类型,保存在变量 rnn_cls 中。然后,构造一个 rnn_cls 的对象,in_dim 和 out_dim 为输入和输出维数,num_layers 是层数,bidirectional 表示是否使用双向 RNN。PyTorch 中的 RNN 模块的默认输出格式是(seq,batch,feature),传入 batch_first = True 则告诉该模块将输出格式变为(batch,seq,feature)。

init_hidden()函数用于初始化 RNN 内部隐状态,根据 RNN 的具体类型(LSTM 或 GRU)需进行不同的处理。

forward()函数中,依次用 init_hidden()函数初始化隐状态;通过 RNN 的 flatten_parameters()方法将重置参数数据指针,以便它们可以使用更快的代码路径;将输入传入 RNN 中。我们的 VQA 模型需要输出 RNN 最后一次循环的输出,对于单向和双向 RNN,需要做一些不同的处理。

16.6 实现 Top-Down Attention 模块

Top-DownAttention 模块的作用是检查各视觉单元与问题的相关性,计算出各个视觉单元的权重。计算的输入是问题嵌入表示 q_emb 和一组视觉嵌入表示 v_emb,问题嵌入和视觉嵌入都首先经过线性变换,然后对位相乘融合,融合后的特征再经过全连接层算出各个视觉单元的权重。应注意,对于每个图片和问题,问题嵌入表示 q_emb 只有一个,而视觉嵌入表示 v_emb 是对应于目标检测的多个单元,因此 q_emb 的大小为[batch,q_dim],而 v_emb 的大小为[batch,n_ent,v_dim]。其实现如下。

```
1   class DotLinearAttention(nn.Module):
2
3     def __init__(self, n_att, q_dim, v_dim, hid_dim, dropout, wn = True):
4       super(DotLinearAttention, self).__init__()
5       self.n_att = n_att
6       self.hid_dim = hid_dim
7       self.q_proj = FCNet([q_dim, hid_dim], wn = wn)
8       self.v_proj = FCNet([v_dim, hid_dim], wn = wn)
9       self.fc = nn.Linear(hid_dim, n_att)
10      self.dropout = nn.Dropout(dropout, inplace = True)
11      if wn: self.fc = weight_norm(self.fc, dim = None)
12
13    def forward(self, q_emb, v_emb):
14      logits = self.logits(q_emb, v_emb)
15      return F.softmax(logits, dim = 1) # [ B, n_ent, n_att ]
16
17    def logits(self, q_emb, v_emb):
```

```
18        B, n_ent, r_dim = v_emb.size()
19        q_proj = self.q_proj(q_emb)
20        v_proj = self.v_proj(v_emb)
21        joint = v_proj * q_proj.unsqueeze(1)
22        joint = self.dropout(joint)
23        logits = self.fc(joint)  # [ B, n_ent, n_att ]
24        return logits
```

__init__ 函数中，初始化投影问题嵌入向量和视觉特征嵌入向量的两个全连接层 q_proj 和 v_proj（用到了之前实现的 FCNet 模块）；初始化计算注意力权重的全连接层 fc，这一层不需要激活函数。

logits() 函数用于计算注意力权重，首先分别将问题嵌入向量和视觉特征嵌入向量进行投影，然后将它们对位相乘获得融合的特征表示，输入 fc 模块计算注意力权重。forward() 函数计算注意力权重后对这些权重进行 softmax() 处理，使得注意力的分布集中于某一个区域。

16.7　组装完整的 VQA 系统

在实现了前文所述的几个模块的基础之上，对模型进行组装。注意这个模块有一个类方法 build_from_config()，这个类方法的作用是根据配置文件 cfg 构造模型。

```
 1 class Baseline(nn.Module):
 2 def __init__(self, w_emb, q_emb, v_att, q_net, v_net, classifer, need_internals = False):
 3        super(Baseline, self).__init__()
 4        self.need_internals = need_internals
 5        self.w_emb = w_emb
 6        self.q_emb = q_emb
 7        self.v_att = v_att
 8        self.q_net = q_net
 9        self.v_net = v_net
10         self.classifier = classifer
11   def forward(self, q_tokens, v_features):
12        w_emb = self.w_emb(q_tokens)
13        q_emb = self.q_emb(w_emb)
14        att = self.v_att(q_emb, v_features)  # [ B, n_ent, 1 ]
15        v_emb = (att * v_features).sum(1)  # [ B, hid_dim ]
16        internals = [att.squeeze()] if self.need_internals else None
17        q_repr = self.q_net(q_emb)
18        v_repr = self.v_net(v_emb)
19        joint_repr = q_repr * v_repr
20        logits = self.classifier(joint_repr)
21        return logits, internals
22      @classmethod
23      def build_from_config(cls, cfg, dataset, need_internals):
```

```
24    w_emb = WordEmbedding(dataset.word_dict.n_tokens, cfg.lm.word_emb_dim, 0.0)
25    q_emb = QuestionEmbedding(cfg.lm.word_emb_dim, cfg.hid_dim,
      cfg.lm.n_layers, cfg.lm.bidirectional, cfg.lm.dropout, cfg.lm.rnn_type)
26    q_dim = cfg.hid_dim
27    att_cls = topdown_attention.classes[cfg.topdown_att.type]
28    v_att = att_cls(1, q_dim, cfg.ent_dim, cfg.topdown_att.hid_dim, cfg.topdown_att.
      dropout)
29    q_net = FCNet([q_dim, cfg.hid_dim])
30    v_net = FCNet([cfg.ent_dim, cfg.hid_dim])
31    classifier = SimpleClassifier(cfg.hid_dim, cfg.mlp.hid_dim,
      dataset.ans_dict.n_tokens, cfg.mlp.dropout)
32    return cls(w_emb, q_emb, v_att, q_net, v_net, classifier, need_internals)
```

模型的组成部分有词嵌入模块 w_emb,问题嵌入模型 q_emb,注意力计算模块 v_att,以及问题和视觉特征融合前的处理模块 q_net 和 v_net。build_from_config()方法依次构造这些模块,并用于构造 Baseline 模型。

16.8   运行 VQA 实验

16.8.1   训练

在项目的根目录下运行 python main/train.py --help 命令可以获得训练程序的帮助。

```
usage: train.py [ - h] [ -- config CONFIG] [ -- n_epochs N_EPOCHS]
                [ -- n_workers N_WORKERS] [ -- seed SEED] [ -- val_freq VAL_FREQ]
                [ -- data DATA] [ -- out_dir OUT_DIR]

optional arguments:
  - h,  -- help          show this help message and exit
  -- config CONFIG
 python main/train.py \
 -- config configs/baseline - 512 - 256 - logistic. json \
 -- n_epochs 20 \
 -- n_workers 1 \
 -- data train
```

运行以下命令:

```
python main/train.py \
 -- config configs/baseline - 512 - 256 - logistic. json \
 -- n_epochs 20 \
```

这一命令指定了一个配置文件,并设置按照此配置文件训练 20 个轮次,使用一个线程读取数据,使用的数据为配置文件中的"train"。

16.8.2 可视化

在项目的根目录下运行 python main/infer.py --help 命令可以获得训练程序的帮助。

```
usage: infer.py [ - h] [ -- config CONFIG] [ -- checkpoint CHECKPOINT] [ -- data DATA]
                [ -- images_dir IMAGES_DIR] [ -- n_workers N_WORKERS]
                [ -- n_batches N_BATCHES] [ -- out_dir OUT_DIR]
                [ -- preload PRELOAD]

optional arguments:
  - h, -- help          show this help message and exit
    python main/infer.py\
    -- config configs/baseling - 512 - 526 - logistic.json\
    -- data val\
```

运行以下命令：

```
python main/infer.py \
-- config configs/baseline - 512 - 256 - logistic.json \
-- data val \
-- checkpoint out/baseline - 512 - 256 - logistic/model_20.pth \
```

这一命令指定了一个配置文件,读取了之前训练好的模型,使用的数据为配置文件中的"val"。程序运行完成后,即可在 out/baseline-512-256-logistic_ model _ 20 _ infer _ visualization 中看到可视化的结果,如图 16.9 所示。

How many people are playing the ball?-1

Could this be a hotel room?–yes

图 16.9 VQA 及注意力机制可视化结果

What color is the kid's hair?-blonde

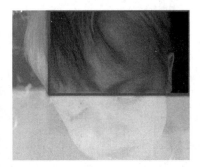

What are the people in the background doing?-watching

图 16.9 （续）

附录 **A**

PyTorch环境搭建

视频讲解

A.1 Linux 平台下 PyTorch 环境搭建

下面以 Ubuntu 16.04 为例,简要讲述 PyTorch 在 Linux 系统下的安装过程。在 Linux 平台下,PyTorch 的安装总共需要 5 个步骤,所有步骤内的详细命令皆已列出,读者按照顺序输入命令即可完成安装。

1. 安装显卡驱动

如果需要安装 CUDA 版本的 PyTorch,计算机也有独立显卡,则需要更新 Ubuntu 独立显卡驱动。否则即使安装了 CUDA 版本的 PyTorch 也无法使用 GPU。

如图 A.1 所示,进入官网 https://www.nvidia.com/Download/index.aspx?lang=en-us,查看适合本机显卡的驱动,下载 runfile 文件,如 NVIDIA-Linux-x86_64-384.98.run。

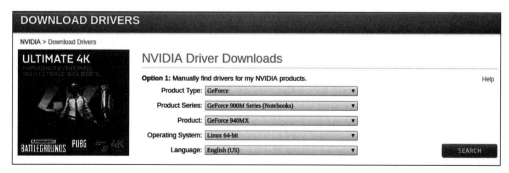

图 A.1 NVIDIA 官网

下载完成后，按 Ctrl＋Alt＋F1 组合键到控制台，关闭当前图形环境，对应命令如下。

```
sudo service lightdm stop
```

卸载可能存在的旧版本 NVIDIA 驱动，对应命令如下。

```
sudo apt - get remove -- purge nvidia
```

安装驱动可能需要的依赖，对应命令如下。

```
sudo apt - get update
sudo apt - get install dkms build - essential linux - headers - generic
```

把 nouveau 驱动加入黑名单并禁用 nouveau 内核模块，对应命令如下。

```
sudo nano /etc/modprobe. d/blacklist - nouveau. conf
```

在文件 blacklist-nouveau. conf 中加入如下内容，对应命令如下。

```
blacklist nouveau
options nouveau modeset = 0
```

保存后退出，执行，对应命令如下。

```
sudo update - initramfs - u
```

然后重启，对应命令如下。

```
reboot
```

重启后再次进入字符终端界面(或按 Ctrl＋Alt＋F1 组合键)，并关闭图形界面，对应命令如下。

```
sudo service lightdm stop
```

进入之前 NVIDIA 驱动文件下载目录，安装驱动程序，对应命令如下。

```
sudo chmod u + x NVIDIA - Linux - x86_64 - 384.98. run
sudo . /NVIDIA - Linux - x86_64 - 384.98. run - no - opengl - files
```

-no-opengl-files 表示只安装驱动文件，不安装 OpenGL 文件。这个参数不可忽略，否则会导致登录界面死循环。

最后重新启动图形环境，对应命令如下。

```
sudo service lightdm start
```

通过以下命令确认驱动是否正确安装,对应命令如下。

```
cat /proc/driver/nvidia/version
```

至此,NVIDIA 显卡驱动程序安装成功。

2. PyTorch 安装

进入 PyTorch 官网 https://pytorch.org,如图 A.2 所示,根据 CUDA 和 Python 的版本以及平台系统等找到适合 PyTorch 的版本,之后会自动提示"Run this command"命令指令,将指令复制到命令行,进行安装。

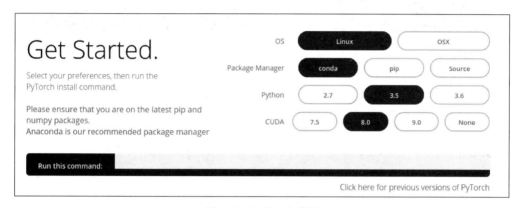

图 A.2　PyTorch 官网

3. 安装 torchvision

安装好 PyTorch 后,还需要安装 torchvision。torchvision 中主要集成了一些数据集、深度学习模型、一些转换等,在使用 PyTorch 的过程中是不可缺少的部分。

安装 torchvision 比较简单,可直接使用 pip 命令安装。

```
pip install torchvision
```

4. 更新 NumPy

安装成功 PyTorch 和 torchvision 后,打开 iPython,输入:

```
import torch
```

此时可能会出现报错的情况,报错信息如下。

```
ImportError: numpy.core.multiarray failed to import
```

这是因为 NumPy 的版本需要更新,直接使用 pip 命令更新 NumPy,对应命令如下。

```
pip install numpy
```

至此,PyTorch 安装成功。

5. 测试

输入如图 A.3 所示的命令后,若无报错信息,说明 PyTorch 已经安装成功。输入如图 A.4 所示的命令后,若返回为"True",说明已经可以使用 GPU。

图 A.3　测试命令行截图 1　　　　　　　　图 A.4　测试命令行截图 2

A.2　Windows 平台下 PyTorch 环境搭建

从 2018 年 4 月起,PyTorch 官方开始发布 Windows 版本。在此简要讲解在 Windows 10 系统下,安装 PyTorch 的步骤。鉴于已经在前文中讲述了显卡驱动程序在 Linux 系统下的配置过程,Windows 系统下的配置也基本相似,所以不再单独讲述显卡驱动在 Windows 系统下的配置过程。

PyTorch 在 Windows 系统上的安装主要有两种方法:通过官网安装,conda 安装(本机上需要预先安装 Anaconda|Python)。

1. 通过官网安装

进入官网 https://PyTorch.org/,如图 A.5 所示。

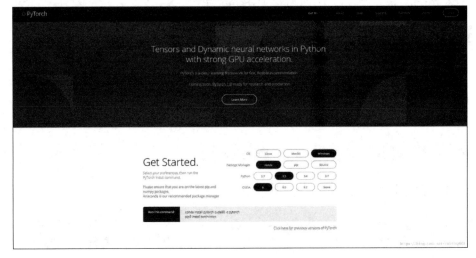

图 A.5　PyTorch 官网截屏图

如前文介绍的 Linux 系统下安装一样,根据 CUDA 和 Python 的版本以及平台系统等找到适合 PyTorch 的版本,之后会自动提示"Run this command"命令指令,将指令复制到命令行,进行安装。

2. conda 安装 PyTorch 包

在 Windows 的命令行输入图 A.6 中框内的命令(请注意控制 CUDA 版本和 CPU/GPU 版本),等待一段时间后,出现图 A.6 中的输出后,即完成了安装。

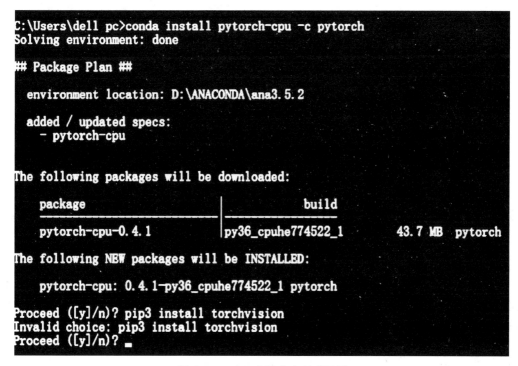

```
C:\Users\dell pc>conda install pytorch-cpu -c pytorch
Solving environment: done

## Package Plan ##

  environment location: D:\ANACONDA\ana3.5.2

  added / updated specs:
    - pytorch-cpu


The following packages will be downloaded:

    package                    |            build
    ---------------------------|-----------------------------
    pytorch-cpu-0.4.1          |    py36_cpuhe774522_1        43.7 MB  pytorch

The following NEW packages will be INSTALLED:

    pytorch-cpu: 0.4.1-py36_cpuhe774522_1 pytorch

Proceed ([y]/n)? pip3 install torchvision
Invalid choice: pip3 install torchvision
Proceed ([y]/n)? _
```

图 A.6 conda 安装命令行截屏图

安装完成后,同样需要安装 torchvision,具体方法在 Linux 部分中已经叙述过,不再重复讲解。

测试过程与 Linux 部分所用命令完全相同。

附录 **B**

深度学习的数学基础

B.1 线性代数

1. 标量、向量、矩阵和张量

标量：一个标量就是一个单独的数，只有大小，没有方向。介绍标量时，会明确它们是哪种类型的数。例如，在定义实数标量时，可能会说"令 $s \in \mathbb{R}$ 表示一条线的斜率"，在定义自然数标量时，可能会说"令 $n \in \mathbb{N}$ 表示元素的数目"。

向量：一个向量是一列数。这些数是有序排列的。通过次序中的索引可以确定每个单独的数。与标量相似，我们也会注明存储在向量中的元素是什么类型的。如果每个元素都属于 $\mathbb{R}$，并且该向量有 n 个元素，那么该向量属于实数集 $\mathbb{R}$ 的 n 次笛卡儿乘积构成的集合，记为 $\mathbb{R}^n$。当需要明确表示向量中的元素时，我们会将元素排列成一个方括号包围的纵列：

$$x = \begin{bmatrix} x_1 \\ x_2 \\ \vdots \\ x_n \end{bmatrix}$$

向量可以被看作空间中的点，每个元素是不同坐标轴上的坐标。有时需要索引向量中的一些元素。在这种情况下，定义一个包含这些元素索引的集合，然后将该集合写在脚标处。例如，指定 x_1, x_3 和 x_6，定义集合 $S = \{1,3,6\}$，然后写作 x_S。我们用符号 - 表示集合的补集中的索引。例如，x_{-1} 表示 x 中除 x_1 外的所有元素；x_{-S} 表示 x 中除 x_1，x_3，x_6 外所有元素构成的向量。

矩阵：矩阵是一个二维数组，其中的每一个元素被两个索引所确定。我们通常会赋予矩阵粗体的大写变量名称,如 $\boldsymbol{A}$。如果一个实数矩阵高度为 m,宽度为 n,那么我们说 $\boldsymbol{A} \in \mathbb{R}^{m \times n}$。在表示矩阵中的元素时,通常以不加粗的斜体形式使用其名称,索引用逗号间隔。例如,$A_{1,1}$ 表示 $\boldsymbol{A}$ 左上的元素,$A_{m,n}$ 表示 $\boldsymbol{A}$ 右下的元素。用":"表示水平坐标,以表示垂直坐标 i 中的所有元素。例如,$A_{i,:}$ 表示 $\boldsymbol{A}$ 中垂直坐标 i 上的一横排元素。这也被称为 $\boldsymbol{A}$ 的第 i 行。同样地,$A_{:,i}$ 表示 $\boldsymbol{A}$ 的第 i 列。当需要明确表示矩阵中的元素时,将它们写在用圆括号(方括号)括起来的数组中:

$$\begin{bmatrix} A_{1,1} & A_{1,2} \\ A_{2,1} & A_{2,2} \end{bmatrix}$$

有时需要矩阵值表达式的索引,而不是单个元素。在这种情况下,我们在表达式后面接下标,但不必将矩阵的变量名称小写化。例如,$f(\boldsymbol{A})_{i,j}$ 表示函数 f 作用在 $\boldsymbol{A}$ 上输出的矩阵的第 i 行第 j 列元素。

张量:在某些情况下,会讨论坐标超过二维的数组。一般地,一个数组中的元素分布在若干维坐标的规则网格中,称为张量。用字体 A 来表示张量"A"。张量 A 中坐标为 (i,j,k) 的元素记作 $\mathsf{A}_{i,j,k}$。

转置(transpose)是矩阵的重要操作之一。矩阵的转置是以对角线为轴的镜像,这条从左上角到右下角的对角线被称为主对角线(main diagonal)。矩阵 $\boldsymbol{A}$ 的转置表示为 $\boldsymbol{A}^{\mathrm{T}}$,定义如下。

$$\boldsymbol{A}^{\mathrm{T}}_{i,j} = \boldsymbol{A}_{j,i}$$

向量可以看作只有一列的矩阵。对应地,向量的转置可以看作是只有一行的矩阵。有时,通过将向量元素作为行矩阵写在文本行中,然后使用转置操作将其变为标准的列向量,来定义一个向量,如 $\boldsymbol{x} = [x_1, x_2, x_3]^{\mathrm{T}}$。

标量可以看作是只有一个元素的矩阵。因此,标量的转置等于它本身,$a = a^{\mathrm{T}}$。

只要矩阵的形状一样,就可以把两个矩阵相加。两个矩阵相加是指对应位置的元素相加,如 $\boldsymbol{C} = \boldsymbol{A} + \boldsymbol{B}$,其中,$C_{i,j} = A_{i,j} + B_{i,j}$。

标量和矩阵相乘,或是和矩阵相加时,只需将其与矩阵的每个元素相乘或相加,如 $\boldsymbol{D} = a\boldsymbol{B} + c$,其中,$C_{i,j} = A_{i,j} + c$。

在深度学习中,也使用一些不那么常规的符号。我们允许矩阵和向量相加,产生另一个矩阵:$\boldsymbol{C} = \boldsymbol{A} + \boldsymbol{b}$,其中,$C_{i,j} = A_{i,j} + b_j$。换言之,向量 $\boldsymbol{b}$ 和矩阵 $\boldsymbol{A}$ 的每一行相加。这个简写方法使我们无须在加法操作前定义一个将向量 $\boldsymbol{b}$ 复制到每一行而生成的矩阵。这种隐式地复制向量 $\boldsymbol{b}$ 到很多位置的方式,被称为广播(broadcasting)。

2. 矩阵和向量相乘

矩阵乘法是矩阵运算中最重要的操作之一。两个矩阵 $\boldsymbol{A}$ 和 $\boldsymbol{B}$ 的矩阵乘积(matrix product)是第三个矩阵 $\boldsymbol{C}$。为了使乘法定义良好,矩阵 $\boldsymbol{A}$ 的列数必须和矩阵 $\boldsymbol{B}$ 的行数相等。如果矩阵 $\boldsymbol{A}$ 的形状是 $m \times n$,矩阵 $\boldsymbol{B}$ 的形状是 $n \times p$,那么矩阵 $\boldsymbol{C}$ 的形状是 $m \times p$。可以通过将两个或多个矩阵并列放置以书写矩阵乘法,例如:

$$\boldsymbol{C} = \boldsymbol{A}\boldsymbol{B}$$

具体地,该乘法操作定义为

$$C_{i,j} = \sum_k A_{i,k} B_{k,j}$$

需要注意的是,两个矩阵的标准乘积不是指两个矩阵中对应元素的乘积。不过,那样的矩阵操作确实是存在的,被称为元素对应乘积(element-wise product)或者 Hadamard 乘积(Hadamard product),记为 $A \odot B$。

两个相同维数的向量 x 和 x 的点积(dot product)可看作是矩阵乘积 $x^\top y$。可以把矩阵乘积 $C = AB$ 中计算 $C_{i,j}$ 的步骤看作是 A 的第 i 行和 B 的第 j 列之间的点积。

矩阵乘积运算有许多有用的性质,从而使矩阵的数学分析更加方便。例如,矩阵乘积服从分配律:

$$A(B + C) = AB + AC$$

矩阵乘积也服从结合律:

$$A(BC) = (AB)C$$

不同于标量乘积,矩阵乘积并不满足交换律($AB = BA$ 的情况并非总是满足)。然而,两个向量的点积(dot product)满足交换律:

$$x^\top y = y^\top x$$

矩阵乘积的转置有着简单的形式:

$$(AB)^\top = B^\top A^\top$$

现在我们已经知道了足够多的线性代数符号,可以表达下列线性方程组:

$$Ax = b$$

其中,$A \in \mathbb{R}^{m \times n}$ 是一个已知矩阵,$b \in \mathbb{R}^m$ 是一个已知向量,$x \in \mathbb{R}^n$ 是一个要求解的未知向量。向量 x 的每个元素 x_i 都是未知的。矩阵 A 的每一行和 b 中对应的元素构成一个约束。可以把 $Ax = b$ 重写为:

$$A_{1,:} x = b_1$$
$$A_{2,:} x = b_2$$
$$\cdots$$
$$A_{m,:} x = b_m$$

或者,更明确地写作:

$$A_{1,1} x_1 + A_{1,2} x_2 + \cdots + A_{1,n} x_n = b_1$$
$$A_{2,1} x_1 + A_{2,2} x_2 + \cdots + A_{2,n} x_n = b_2$$
$$\cdots$$
$$A_{m,1} x_1 + A_{m,2} x_2 + \cdots + A_{m,n} x_n = b_m$$

矩阵向量乘积符号为这种形式的方程提供了更紧凑的表示。

3. 单位矩阵和逆矩阵

线性代数提供了被称为矩阵逆(matrix inversion)的强大工具。对于大多数矩阵 A,都能通过矩阵逆解析地求解 $Ax = b$。为了描述矩阵逆,首先需要定义单位矩阵(identity matrix)的概念。任意向量和单位矩阵相乘,都不会改变。我们将保持 n 维向量不变的单位矩阵记作 I_n,形式上,$I_n \in \mathbb{R}^{n \times n}$。

$$\forall x \in \mathbb{R}^n, \quad I_n x = x$$

单位矩阵的结构很简单：所有沿主对角线的元素都是1，而所有其他位置的元素都是0，如下。

$$\begin{bmatrix} 1 & 0 & 0 \\ 0 & 1 & 0 \\ 0 & 0 & 1 \end{bmatrix}$$

矩阵 A 的逆矩阵（matrix inversion）记作 A^{-1}，其定义的矩阵满足如下条件。

$$A^{-1}A = I_n$$

现在可以通过以下步骤求解 $Ax = b$：

$$Ax = b$$
$$A^{-1}Ax = A^{-1}b$$
$$I_n x = A^{-1}b$$
$$x = A^{-1}b$$

当然，这取决于我们能否找到一个逆矩阵 A^{-1}。当逆矩阵 A^{-1} 存在时，有几种不同的算法都能找到它的闭解形式。理论上，相同的逆矩阵可用于多次求解不同向量 b 的方程。然而，逆矩阵 A^{-1} 主要是作为理论工具使用的，并不会在大多数软件应用程序中实际使用。这是因为逆矩阵 A^{-1} 在数字计算机上只能表现出有限的精度，有效使用向量 b 的算法通常可以得到更精确的 x。

4. 线性相关和生成子空间

如果逆矩阵 A^{-1} 存在，那么 $Ax = b$ 肯定对于每一个向量 b 恰好存在一个解。但是，对于方程组而言，对于向量 b 的某些值，有可能不存在解，或者存在无限多个解。存在多于一个解但是少于无限多个解的情况是不可能发生的；因为如果 x 和 y 都是某方程组的解，则

$$z = \alpha x + (1 - \alpha)y \quad （其中，\alpha 取任意实数）$$

也是该方程组的解。

为了分析方程有多少个解，可以将 A 的列向量看作从原点（origin）（元素都是零的向量）出发的不同方向，确定有多少种方法可以到达向量 b。在这个观点下，向量 x 中的每个元素表示应该沿着这些方向走多远，即 x_i 表示需要沿着第 i 个向量的方向走多远。

$$Ax = \sum_i x_i A_{:,i}$$

一般而言，这种操作被称为线性组合（linear combination）。形式上，一组向量的线性组合，是指每个向量乘以对应标量系数之后的和，即：

$$\sum_i c_i v^{(i)}$$

一组向量的生成子空间（span）是原始向量线性组合后所能抵达的点的集合。

确定 $Ax = b$ 是否有解相当于确定向量 b 是否在 A 列向量的生成子空间中。这个特殊的生成子空间被称为 A 的列空间（column space）或者 A 的值域（range）。

为了使方程 $Ax = b$ 对于任意向量 $b \in \mathbb{R}^m$ 都存在解，我们要求 A 的列空间构成整个

$\mathbb{R}^m$。如果$\mathbb{R}^m$中的某个点不在A的列空间中，那么该点对应的b会使得该方程没有解。矩阵A的列空间是整个$\mathbb{R}^m$的要求，意味着A至少有m列，即$n \geq m$。否则，A列空间的维数会小于m。例如，假设A是一个3×2的矩阵。目标b是3维的，但是x只有2维。所以无论如何修改x的值，也只能描绘出$\mathbb{R}^3$空间中的二维平面。当且仅当向量b在该二维平面中时，该方程有解。

不等式$n \geq m$仅是方程对每一点都有解的必要条件。这不是一个充分条件，因为有些列向量可能是冗余的。假设有一个$\mathbb{R}^{2 \times 2}$中的矩阵，它的两个列向量是相同的。那么它的列空间和它的一个列向量作为矩阵的列空间是一样的。换言之，虽然该矩阵有2列，但是它的列空间仍然只是一条线，不能涵盖整个$\mathbb{R}^2$空间。

这种冗余被称为线性相关(linear dependence)。如果一组向量中的任意一个向量都不能表示成其他向量的线性组合，那么这组向量称为线性无关(linearly independent)。如果某个向量是一组向量中某些向量的线性组合，那么将这个向量加入这组向量后不会增加这组向量的生成子空间。这意味着，如果一个矩阵的列空间涵盖整个$\mathbb{R}^m$，那么该矩阵必须包含至少一组m个线性无关的向量。这是$Ax = b$对于每一个向量b的取值都有解的充分必要条件。值得注意的是，这个条件是说该向量集恰好有m个线性无关的列向量，而不是至少m个。不存在一个m维向量的集合具有多于m个彼此线性不相关的列向量，但是一个有多于m个列向量的矩阵有可能拥有不止一个大小为m的线性无关向量集。

要想使矩阵可逆，还需要保证$Ax = b$对于每一个b值至多有一个解。为此，需要确保该矩阵至多有m个列向量。否则，该方程会有不止一个解。

综上所述，这意味着该矩阵必须是一个方阵(square)，即$m = n$，并且所有列向量都是线性无关的。一个列向量线性相关的方阵被称为奇异的(singular)。

如果矩阵A不是一个方阵或者是一个奇异的方阵，该方程仍然可能有解。但是不能使用矩阵逆去求解。

目前为止，已经讨论了逆矩阵左乘。也可以定义逆矩阵：

$$AA^{-1} = I$$

对于方阵而言，它的左逆和右逆是相等的。

5. 范数

有时需要衡量一个向量的大小。在机器学习中，经常使用被称为范数(norm)的函数衡量向量大小。形式上，L^p范数定义如下：

$$\|x\|_p = \left(\sum_i |x_i|^p\right)^{\frac{1}{p}}$$

其中，$p \in \mathbb{R}$，$p \geq 1$。

范数(包括L^p范数)是将向量映射到非负值的函数。直观上来说，向量x的范数衡量从原点到点x的距离。更严格地说，范数是满足下列性质的任意函数：

$f(x) = 0 \Rightarrow x = 0$

$f(x + y) \leq f(x) + f(y)$　（三角不等式(triangle inequality)）

$$\forall a \in \mathbb{R}, \quad f(a\boldsymbol{x}) = |\alpha| f(\boldsymbol{x})$$

当 $p=2$ 时，L^2 范数被称为欧几里得范数（Euclidean norm）。它表示从原点出发到向量 $\boldsymbol{x}$ 确定的点的欧几里得距离。L^2 范数在机器学习中出现得十分频繁，经常简化表示为 $\|\boldsymbol{x}\|$，略去了下标 2。平方 L^2 范数也经常用来衡量向量的大小，可以简单地通过点积 $\boldsymbol{x}^\top \boldsymbol{x}$ 计算。

平方 L^2 范数在数学和计算上都比 L^2 范数本身更方便。例如，平方 L^2 范数对 $\boldsymbol{x}$ 中每个元素的导数只取决于对应的元素，而 L^2 范数对每个元素的导数却和整个向量相关。但是在很多情况下，平方 L^2 范数也可能不受欢迎，因为它在原点附近增长得十分缓慢。在某些机器学习应用中，区分恰好是零的元素和非零但值很小的元素是很重要的。在这些情况下，我们转而使用在各个位置斜率相同，同时保持简单的数学形式的函数：L^1 范数。L^1 范数可以简化如下：

$$\|x\|_1 = \sum_i |x_i|$$

当机器学习问题中零和非零元素之间的差异非常重要时，通常会使用 L^1 范数。每当 $\boldsymbol{x}$ 中某个元素从 0 增加 ε，对应的 L^1 范数也会增加 ε。有时候会统计向量中非零元素的个数来衡量向量的大小。有些作者将这种函数称为"L^0 范数"，但是这个术语在数学意义上是不对的。向量的非零元素的数目不是范数，因为对向量缩放 α 倍不会改变该向量非零元素的数目。因此 L^1 范数经常作为表示非零元素数目的替代函数。

另外一个经常在机器学习中出现的范数是 L^∞ 范数，也被称为最大范数（max norm）。这个范数表示向量中具有最大幅值的元素的绝对值：

$$\|x\|_\infty = \max_i x_i$$

有时候可能也希望衡量矩阵的大小。在深度学习中，最常见的做法是使用 Frobenius 范数（Frobenius norm）：

$$\|A\|_F = \sqrt{\sum_{i,j} A_{i,j}^2}$$

它类似于向量的 L^2 范数。

两个向量的点积（dot product）可以用范数来表示。具体地，

$$\boldsymbol{x}^\top \boldsymbol{y} = \|\boldsymbol{x}\|_2 \|\boldsymbol{y}\|_2 \cos\theta$$

其中，θ 表示 $\boldsymbol{x}$ 和 $\boldsymbol{y}$ 之间的夹角。

6. 特征分解

许多数学对象可以通过将它们分解成多个组成部分或者找到它们的一些属性而更好地理解，这些属性是通用的，而不是由我们选择表示它们的方式产生的。

例如，整数可以分解为质因数。可以用十进制或二进制等不同方式表示整数 12，但是 $12 = 2 \times 2 \times 3$ 永远是对的。从这个表示中可以获得一些有用的信息，比如 12 不能被 5 整除，或者 12 的倍数可以被 3 整除。

正如我们可以通过分解质因数来发现整数的一些内在性质，也可以通过分解矩阵来发现矩阵表示成数组元素时不明显的函数性质。特征分解（eigendecomposition）是使用

最广的矩阵分解之一,即将矩阵分解成一组特征向量和特征值。

特征分解(eigendecomposition)是使用最广的矩阵分解之一,即将矩阵分解成一组特征向量和特征值。

方阵 A 的特征向量(eigenvector)是指与 A 相乘后相当于对该向量进行缩放的非零向量 v:

$$Av = \lambda v$$

标量 λ 被称为这个特征向量对应的特征值(eigenvalue)。如果 v 是 A 的特征向量,那么任何缩放后的向量 sv($s \in \mathbb{R}, s \neq 0$)也是 A 的特征向量。此外,sv 和 v 有相同的特征值。基于这个原因,通常只考虑单位特征向量。

假设矩阵 A 有 n 个线性无关的特征向量$\{v^{(1)}, v^{(2)}, \cdots, v^{(n)}\}$,对应着特征值$\lambda = [\lambda_1, \lambda_2, \cdots, \lambda_n]^{\mathrm{T}}$,因此 A 的特征分解可以记作:

$$A = V \mathrm{diag}(\lambda) V^{-1}$$

我们已经看到了构建具有特定特征值和特征向量的矩阵,能够使我们在目标方向上延伸空间。然而,我们也常常希望将矩阵分解(decompose)成特征值和特征向量。这样可以帮助我们分析矩阵的特定性质,就像质因数分解有助于我们理解整数。不是每一个矩阵都可以分解成特征值和特征向量。在某些情况下,特征分解存在,但是会涉及复数而非实数。幸运的是,在本书中,通常只需要分解一类有简单分解的矩阵。具体来讲,每个实对称矩阵都可以分解成实特征向量和实特征值:

$$A = Q \Lambda Q^{\mathrm{T}}$$

其中,Q 是 A 的特征向量组成的正交矩阵,Λ 是对角矩阵。特征值 $\Lambda_{i,i}$ 对应的特征向量是矩阵 Q 的第 i 列,记作 $Q_{:,i}$。因为 Q 是正交矩阵,可以将 A 看作沿方向 $v^{(i)}$ 延展 i 倍的空间。

虽然任意一个实对称矩阵 A 都有特征分解,但是特征分解可能并不唯一。如果两个或多个特征向量拥有相同的特征值,那么在由这些特征向量产生的生成子空间中,任意一组正交向量都是该特征值对应的特征向量。因此,可以等价地从这些特征向量中构成 Q 作为替代。按照惯例,通常按降序排列 Λ 的元素。在该约定下,特征分解唯一当且仅当所有的特征值都是唯一的。

矩阵的特征分解给了我们很多关于矩阵的有用信息。矩阵是奇异的当且仅当含有零特征值。实对称矩阵的特征分解也可以用于优化二次方程 $f(x) = x^{\mathrm{T}} A x$,其中限制 $\|x\|_2 = 1$。当 x 等于 A 的某个特征向量时,f 将返回对应的特征值。在限制条件下,函数 f 的最大值是最大特征值,最小值是最小特征值。

所有特征值都是正数的矩阵被称为正定(positive definite);所有特征值都是非负数的矩阵被称为半正定(positive semidefinite)。同样地,所有特征值都是负数的矩阵被称为负定(negative definite);所有特征值都是非正数的矩阵被称为半负定(negative semidefinite)。半正定矩阵受到关注是因为它们保证 $\forall x, x^{\mathrm{T}} A x \geqslant 0$。此外,正定矩阵还保证 $x^{\mathrm{T}} A x = 0 \Rightarrow x = 0$。

7. 奇异值分解

奇异值分解(singular value decomposition，SVD)，即将矩阵分解为奇异向量(singular vector)和奇异值(singular value)。通过奇异值分解，会得到一些与特征分解相同类型的信息。然而，奇异值分解有更广泛的应用。每个实数矩阵都有一个奇异值分解，但不一定都有特征分解。例如，非方阵的矩阵没有特征分解，这时只能使用奇异值分解。

回想一下，使用特征分解去分析矩阵 A 时，得到特征向量构成的矩阵 V 和特征值构成的向量 λ，可以重新将 A 写作：

$$A = V \operatorname{diag}(\lambda) V^{-1}$$

奇异值分解是类似的，只不过将矩阵 A 分解成三个矩阵的乘积：

$$A = UDV^{\mathrm{T}}$$

假设 A 是一个 $m \times n$ 的矩阵，那么 U 是一个 $m \times m$ 的矩阵，D 是一个 $m \times n$ 的矩阵，V 是一个 $n \times n$ 矩阵。

这些矩阵中的每一个经定义后都拥有特殊的结构。矩阵 U 和 V 都定义为正交矩阵，而矩阵 D 定义为对角矩阵。注意，矩阵 D 不一定是方阵。

对角矩阵 D 对角线上的元素被称为矩阵 A 的奇异值(singular value)。矩阵 U 的列向量被称为左奇异向量(left singular vector)，矩阵 V 的列向量被称右奇异向量(right singular vector)。

事实上，可以用与 A 相关的特征分解去解释 A 的奇异值分解。A 的左奇异向量(left singular vector)是 AA^{T} 的特征向量。A 的右奇异向量(right singular vector)是 $A^{\mathrm{T}}A$ 的特征向量。A 的非零奇异值是 AA^{T} 特征值的平方根，同时也是 AA^{T} 特征值的平方根。

8. 行列式

行列式，记作 $\det A$，是一个将方阵 A 映射到实数的函数。行列式等于矩阵特征值的乘积。行列式的绝对值可以用来衡量矩阵参与矩阵乘法后空间扩大或者缩小了多少。如果行列式是 0，那么空间至少沿着某一维完全收缩了，使其失去了所有的体积。如果行列式是 1，那么这个转换保持空间体积不变。

B.2 概率论

概率论是用于表示不确定性声明的数学框架。它不仅提供了量化不确定性的方法，也提供了用于导出新的不确定性声明(statement)的公理。在人工智能领域，概率论主要有两种用途。首先，概率法则告诉我们 AI 系统如何推理，据此我们设计一些算法来计算或者估算由概率论导出的表达式。其次，可以用概率和统计从理论上分析我们提出的 AI 系统的行为。

1. 概率的意义

计算机科学的许多分支处理的实体大部分都是完全确定且必然的。程序员通常可以安全地假定 CPU 将完美地执行每条机器指令。虽然硬件错误确实会发生,但它们足够罕见,以至于大部分软件应用在设计时并不需要考虑这些因素的影响。鉴于许多计算机科学家和软件工程师在一个相对干净和确定的环境中工作,机器学习对于概率论的大量使用是很令人吃惊的。

这是因为机器学习通常必须处理不确定量,有时也可能需要处理随机量。不确定性和随机性可能来自多个方面。事实上,除了那些被定义为真的数学声明,我们很难认定某个命题是千真万确的或者确保某件事一定会发生。

概率论最初的发展是为了分析事件发生的频率,可以被看作是用于处理不确定性的逻辑扩展。逻辑提供了一套形式化的规则,可以在给定某些命题是真或假的假设下,判断另外一些命题是真的还是假的。概率论提供了一套形式化的规则,可以在给定一些命题的似然后,计算其他命题为真的似然。

2. 随机变量

随机变量(random variable)是可以随机地取不同值的变量,它可以是离散的或者连续的。离散随机变量拥有有限或者可数无限多的状态。这些状态不一定非要是整数;它们也可能只是一些被命名的状态而没有数值。连续随机变量伴随着实数值。

3. 概率分布

概率分布(probability distribution)用来描述随机变量或一簇随机变量在每一个可能取到的状态的可能性大小。描述概率分布的方式取决于随机变量是离散的还是连续的。

1) 离散型变量和概率质量函数

离散型变量的概率分布可以用概率质量函数(probability mass function,PMF)来描述。概率质量函数将随机变量能够取得的每个状态映射到随机变量取得该状态的概率。$X=x$ 的概率用 $P(x)$ 来表示,概率为 1 表示 $X=x$ 是确定的,概率为 0 表示 $X=x$ 是不可能发生的。有时为了使得 PMF 的使用不相互混淆,会明确写出随机变量的名称:$P(X=x)$。有时会先定义一个随机变量,然后用~符号来说明它遵循的分布:$X \sim P(x)$。

概率质量函数可以同时作用于多个随机变量。这种多个变量的概率分布被称为联合概率分布(joint probability distribution)。$P(X=x, Y=y)$ 表示 $X=x$ 和 $Y=y$ 同时发生的概率,也可以简写为 $P(x, y)$。

如果一个函数 P 是随机变量 X 的 PMF,必须满足下面这几个条件。

(1) P 的定义域必须是 X 所有可能状态的集合。

(2) $\forall x \in X, 0 \leqslant P(x) \leqslant 1$。

(3) $\sum_{x \in X} P(x) = 1$。

2）连续型变量和概率密度函数

当研究的对象是连续型随机变量时，用概率密度函数（probability density function，PDF）来描述它的概率分布。如果一个函数 p 是概率密度函数，必须满足下面这几个条件。

（1）p 的定义域必须是 X 所有可能状态的集合。

（2）$\forall x \in X, p(x) \geqslant 0$

（3）$\int p(x)\mathrm{d}x = 1$。

概率密度函数 $p(x)$ 并没有直接对特定的状态给出概率，相对地，它给出了落在面积为 δx 的无限小的区域内的概率为 $p(x)\delta x$。

可以对概率密度函数求积分来获得点集的真实概率质量。特别地，x 落在集合 $\mathbb{S}$ 中的概率可以通过 $p(x)$ 对这个集合求积分来得到。在单变量的例子中，$p(x)$ 落在区间 $[a,b]$ 的概率是 $\int_{[a,b]} p(x)\mathrm{d}x$。

3）边缘概率

有时候，知道了一组变量的联合概率分布，但想要了解其中一个子集的概率分布。这种定义在子集上的概率分布被称为边缘概率分布（marginal probability distribution）。

例如，假设有离散型随机变量 X 和 Y，并且我们知道 $P(X,Y)$，可以依据下面的求和法则（sum rule）来计算 $P(X)$。

$$\forall x \in X, \quad P(X=x) = \sum_y P(X=x, Y=y)$$

"边缘概率"的名称来源于手算边缘概率的计算过程。当 $P(X,Y)$ 的每个值被写在由每行表示不同的 x 值，每列表示不同的 y 值形成的网格中时，对网格中的每行求和是很自然的事情，然后将求和的结果 $P(X)$ 写在每行右边的纸的边缘处。对于连续型变量，需要用积分替代求和。

$$p(x) = \int p(x,y)\mathrm{d}y$$

4）条件概率

在很多情况下，我们感兴趣的是某个事件在给定其他事件发生时出现的概率，这种概率叫作条件概率。将给定 $X=x, Y=y$ 发生的条件概率记为 $P(Y=y \mid X=x)$。这个条件概率可以通过下面的公式计算：

$$P(Y=y \mid X=x) = \frac{P(Y=y, X=x)}{P(X=x)}$$

条件概率只在 $P(X=x) > 0$ 时有定义。不能计算给定在永远不会发生的事件上的条件概率。

这里需要注意的是，不要把条件概率和计算当采用某个动作后会发生什么相混淆。假定某个人说德语，那么他是德国人的条件概率是非常高的，但是如果随机选择的一个人会说德语，他的国籍不会因此而改变。

5）条件概率的链式法则

任何多维随机变量的联合概率分布，都可以分解成只有一个变量的条件概率相乘的形式：

$$P(x^{(1)},x^{(2)},\cdots,x^{(n)})=P(x^{(1)})\prod_{i=2}^{n}P(x^{(i)}\mid x^{(1)},x^{(2)},\cdots,x^{(i-1)})$$

这个规则被称为概率的链式法则(chain rule)或者乘法法则(product rule)。

6) 独立性和条件独立性

两个随机变量 X 和 Y,如果它们的概率分布可以表示成两个因子的乘积形式,并且一个因子只包含 X 另一个因子只包含 Y,就称这两个随机变量是相互独立的(independent)。

$$\forall x\in X,y\in Y,p(x=X,y=Y)=p(x=X)p(y=Y)$$

如果关于 X 和 Y 的条件概率分布对于 Z 的每个值都可以写成乘积的形式,那么这两个随机变量 X 和 Y 在给定随机变量 Z 时是条件独立的(conditionally independent)。

$$\forall x\in X,y\in Y,z\in Z,$$
$$P(X=X,Y=Y\mid Z=Z)=P(X=X\mid Z=Z)P(Y=Y\mid Z=Z)$$

可以采用一种简化形式来表示独立性和条件独立性: $X\perp Y$,表示 X 和 Y 相互独立, $X\perp Y\mid Z$ 表示 X 和 Y 在给定 Z 时条件独立。

7) 数学期望、方差和协方差

函数 $f(x)$ 关于某分布 $P(x)$ 的数学期望(expectation)或者期望值(expected value)是指,当 x 由 P 产生, f 作用于 x 时, $f(x)$ 的平均值。对于离散型随机变量,可以通过求和得到。

$$\mathbb{E}_{x\sim P}[f(x)]=\sum_{x}P(x)f(x)$$

对于连续型随机变量可以通过求积分得到。

$$\mathbb{E}_{x\sim P}[f(x)]=\int\sum_{x}P(x)f(x)\mathrm{d}x$$

期望是线性的,例如:

$$\mathbb{E}_{x}[\alpha f(x)+\beta g(x)]=\alpha\,\mathbb{E}_{x}[f(x)]+\beta\,\mathbb{E}_{x}[g(x)]$$

其中, α 和 β 不依赖于 x。

方差(variance)衡量的是当我们对 x 依据它的概率分布进行采样时,随机变量 x 的函数值会呈现多大的差异。

$$\mathrm{Var}(f(x))=\mathbb{E}[(f(x)-\mathbb{E}[f(x)])^{2}]$$

当方差很小时, $f(x)$ 的值形成的簇比较接近它们的期望值。方差的平方根被称为标准差(standard deviation)。

协方差(covariance)在某种意义上给出了两个变量线性相关性的强度以及这些变量的尺度。

$$\mathrm{Cov}(f(x),g(x))=\mathbb{E}(f(x)-\mathbb{E}[f(x)])(g(y)-\mathbb{E}[g(y)])$$

8) 常用概率分布

(1) Bernoulli 分布。

Bernoulli 分布(Bernoulli distribution)是单个二值随机变量的分布。它由单个参数 $\phi\in[0,1]$ 控制, ϕ 给出了随机变量等于 1 的概率。它具有如下的一些性质。

$$P(X=1)=\phi$$

$$P(X=0)=1-\phi$$
$$P(X=x)=\phi^x(1-\phi)^{1-x}$$
$$\mathbb{E}_x[X]=\phi$$
$$\mathrm{Var}_x(X)=\phi(1-\phi)$$

（2）Multinoulli 分布。

Multinoulli 分布（Multinoulli distribution）或者范畴分布（categorical distribution）是指在具有 k 个不同状态的单个离散型随机变量上的分布，其中，k 是一个有限值。Multinoulli 分布由向量 $\boldsymbol{p}\in[0,1]^{k-1}$ 参数化，其中，每一个分量 p_i 表示第 i 个状态的概率。最后的第 k 个状态的概率可以通过 $1-\mathbf{1}^\mathrm{T}\boldsymbol{p}$ 给出。

9）高斯分布

实数上最常用的分布是正态分布（normal distribution），也称为高斯分布（Gaussian distribution）。

$$N(x;\mu,\sigma^2)=\sqrt{\frac{1}{2\pi\sigma^2}}\exp\left[-\frac{1}{2\sigma^2}(x-\mu)^2\right]$$

正态分布由两个参数控制：$\mu\in\mathbb{R}$ 和 $\sigma\in(0,\infty)$。参数 μ 给出了中心峰值的坐标，这也是分布的均值：$\mathbb{E}[X]=\mu$。分布的标准差用 σ 表示，方差用 σ^2 表示。

采用正态分布在很多应用中都是一个明智的选择。当我们由于缺乏关于某个实数上分布的先验知识而不知道该选择怎样的形式时，正态分布是默认的比较好的选择。

正态分布可以推广到 $\mathbb{R}^n$ 空间，这种情况下被称为多维正态分布（multivariate normal distribution）。它的参数是一个正定对称矩阵 $\boldsymbol{\Sigma}$：

$$N(x;\mu,\boldsymbol{\Sigma})=\sqrt{\frac{1}{(2\pi)^n\det\boldsymbol{\Sigma}}}\exp\left[-\frac{1}{2}(x-\mu)^\mathrm{T}\boldsymbol{\Sigma}^{-1}(x-\mu)\right]$$

参数 $\boldsymbol{\mu}$ 仍然表示分布的均值，只不过现在是向量值。参数 $\boldsymbol{\Sigma}$ 给出了分布的协方差矩阵。和单变量的情况类似，当我们希望对很多不同参数下的概率密度函数多次求值时，协方差矩阵并不是一个很高效的参数化分布的方式，因为对概率密度函数求值时需要对 $\boldsymbol{\Sigma}$ 求逆。我们可以使用一个精度矩阵（precision matrix）$\boldsymbol{\beta}$ 进行替代。

$$N(x;\mu,\boldsymbol{\beta}^{-1})=\sqrt{\frac{\det\boldsymbol{\beta}}{(2\pi)^n}}\exp\left[-\frac{1}{2}(x-\mu)^\mathrm{T}\boldsymbol{\beta}(x-\mu)\right]$$

10）指数分布和 Laplace 分布

在深度学习中，经常会需要一个在 $x=0$ 点处取得边界点（sharp point）的分布。为了实现这一目的，可以使用指数分布（exponential distribution）。

$$p(x;\lambda)=\lambda\left.\right|_{x\geqslant0}\exp(-\lambda x)$$

指数分布使用指示函数（indicator function）$|x\leqslant0$ 来使得当 x 取负值时的概率为零。一个联系紧密的概率分布是 Laplace 分布（Laplace distribution），它允许在任意一点 μ 处设置概率质量的峰值。

$$\mathrm{Laplace}(x;\mu,\gamma)=\frac{1}{2\gamma}\exp\left(-\frac{|x-\mu|}{\gamma}\right)$$

4. 贝叶斯规则

我们经常会需要在已知 $P(Y|X)$ 时计算 $P(X|Y)$。幸运的是,如果还知道 $P(X)$,可以用贝叶斯规则(Bayes'rule)来实现这一目的。

$$P(X \mid Y) = \frac{P(X)P(Y \mid X)}{P(Y)}$$

在上面的公式中,$P(Y)$ 通常使用 $P(Y) = \sum_{x} P(Y \mid X)P(X)$ 来计算,所以并不需要事先知道 $P(Y)$ 的信息。

参 考 文 献

［1］ Hinton G E，Srivastava N，Krizhevsky A，et al. Improving neural networks by preventing co-adaptation of feature detectors［J］. arXiv preprint arXiv：1207.0580，2012.

［2］ Ioffe S，Szegedy C. Batch normalization：Accelerating deep network training by reducing internal covariate shift［J］. arXiv preprint arXiv：1502.03167，2015.

［3］ Simonyan K，Zisserman A. Very deep convolutional networks for large-scale image recognition ［J］. arXiv preprint arXiv：1409.1556，2014.

［4］ Szegedy C，Liu W，Jia Y，et al. Going deeper with convolutions［C］//Proceedings of the IEEE conference on computer vision and pattern recognition. 1-9，2015.

［5］ He K，Zhang X，Ren S，et al. Deep residual learning for image recognition［C］//Proceedings of the IEEE conference on computer vision and pattern recognition. 770-778，2016.

［6］ Quattoni A，Torralba A. Recognizing indoor scenes［C］// IEEE Conference on Computer Vision & Pattern Recognition. 2009.

［7］ Zhou B，Lapedriza A，Khosla A，et al. Places：A 10 Million Image Database for Scene Recognition ［J］. IEEE Trans Pattern Anal Mach Intell，2018，PP(99)：1-1.

［8］ LeCun Y，Bottou L，Bengio Y，et al. Gradient-Based Learning Applied to Document Recognition，Intelligent Signal Processing［J］. IEEE Press，2001：306-351.

［9］ Bengio Y，Ducharme R，Vincent P，et al. A Neural Probabilistic Language Model. Journal of Machine Learning Research［J］. 2000，3：1137-1155.

［10］ Mikolov T，Karafiát M，Burget L，et al. Recurrent neural network based language model. INTERSPEECH［C］. 2010.

［11］ Bahdanau D，Cho K & Bengio Y. Neural Machine Translation by Jointly Learning to Align and Translate［C］. ICLR 2015. 2015.

［12］ Vaswani A，Shazeer N，Parmar N，et al. Attention Is All You Need. NIPS［C］. 2017.

图 书 资 源 支 持

感谢您一直以来对清华版图书的支持和爱护。为了配合本书的使用，本书提供配套的资源，有需求的读者请扫描下方的"书圈"微信公众号二维码，在图书专区下载，也可以拨打电话或发送电子邮件咨询。

如果您在使用本书的过程中遇到了什么问题，或者有相关图书出版计划，也请您发邮件告诉我们，以便我们更好地为您服务。

我们的联系方式：

地　　址：北京市海淀区双清路学研大厦 A 座 714

邮　　编：100084

电　　话：010-83470236　010-83470237

客服邮箱：2301891038@qq.com

QQ：2301891038（请写明您的单位和姓名）

资源下载：关注公众号"书圈"下载配套资源。

资源下载、样书申请

书 圈

获取最新书目

观看课程直播